高等职业教育电梯工程技术专业

U0691175

电梯保养与维修

周 献 马幸福 主编

吴 哲 主审

化学工业出版社

·北京·

内 容 简 介

本书基于工作过程系统化思想，立足电梯维保员岗位，按照电梯保养和维修工作流程，遴选了由易到难的 7 个典型教学项目。

本书分为电梯保养和电梯维修两大模块。电梯保养模块含有五个项目，分别是了解电梯安全操作规范、电梯机房设备维护保养、电梯井道设备维护保养、电梯底坑装置维护保养、电梯门系统维护保养；电梯维修模块包含两个项目，分别是电梯电气系统常见故障诊断与维修、电梯机械系统常见故障诊断与维修。项目的选取遵循职业学生成长规律和认知规律，并参照了电梯安装维修工国家职业标准和职业技能等级证书（1＋X 证书——电梯安装维修工职业技能等级证、电梯修理作业人员证）标准以及电梯维护保养规则行业标准，体现岗课赛证融通特色。本书配有湖南省省级精品在线开放课程，有丰富的教学资源，如电子课件、微课视频等，部分视频扫描二维码即可查看。

本书适合作为职业院校电梯相关专业的教材，也适合作为电梯安装员、电梯维保员、电梯调试员和电梯检验检测员等的参考用书。

图书在版编目（CIP）数据

电梯保养与维修 / 周献，马幸福主编. -- 北京：
化学工业出版社，2025. 7. --（高等职业教育电梯工程
技术专业系列教材）. -- ISBN 978-7-122-48115-3

Ⅰ. TU857

中国国家版本馆 CIP 数据核字第 2025BP9829 号

责任编辑：葛瑞祎　　　　　文字编辑：李亚楠
责任校对：王鹏飞　　　　　装帧设计：张　辉

出版发行：化学工业出版社
　　　　　（北京市东城区青年湖南街 13 号　邮政编码 100011）
印　　装：河北延风印务有限公司
787mm×1092mm　1/16　印张 17¾　字数 436 千字
2025 年 8 月北京第 1 版第 1 次印刷

购书咨询：010-64518888　　　售后服务：010-64518899
网　　址：http://www.cip.com.cn

定　　价：49.00 元

前言

截至 2024 年底，我国电梯保有量超过 1100 万台，位居世界第一。作为特种设备，电梯的正常运行直接关系着人民群众的生命安全。随着城市化进程的推进，以及老旧电梯加装业务的持续增长，各类潜在风险隐患不断积累。作为保障电梯安全的最后一道防线，电梯维保行业面临着人才供给不足、技能水平与行业发展严重不匹配的问题。本书的出版，对于提升电梯从业人员的专业技能、保障电梯运行安全具有重要意义。

本书以电梯维保员岗位核心能力培养为逻辑起点，精准对接特种设备（电梯修理）作业人员证书和电梯安装维修工职业技能等级证书标准，融入电梯行业新技术、新规范，产教融合特色显著。本书基于"理论实践一体化"教学理念，采用模块化结构，以"项目引领、任务驱动"模式编写，语言通俗易懂且图文并茂，通过数智化手段嵌入二维码，链接丰富的视频和仿真资源，并配套省级精品在线开放课程，构建了"纸质教材+数字资源+在线课程"的立体化学习场景。

本书在编写过程中着重体现以下特色：

1. 紧贴行业需求，强化安全意识： 本书对接电梯维保员实际岗位与工作领域，通过分析归纳岗位所需的典型工作任务，把职业能力作为最小组织单元重构教材内容；同时强调电梯维保过程中的安全规范，将"遵循标准基线、严控风险界线、坚守安全底线"主线贯穿始终。

2. 理论与实践相结合： 本书简单阐述了电梯的结构原理，通过结合大量企业实际案例，重点分析电梯维保内容、要求和方法以及电梯维保中的常见问题和解决方案，在对接理论知识的同时，又深度融合了产业实践和实际工作要求，使读者能够学以致用，快速提高实际操作能力。本书采用"主教材+学生工作手册"模式，通过项目式教材进行实战化学习，配合学生工作手册中详细的表格与评价记录，有助于针对性地提升学生技能。

3. 图文并茂，易于理解： 书中配以丰富的图表、操作视频、VR 仿真资源，可直观展示电梯结构、维保步骤等，让知识点和技能点的易读性大大增强，使得学习、操作的难度大大降低。

4. **紧跟技术前沿**：融入《中华人民共和国特种设备安全法》，《特种设备使用管理规则》（TSG 08—2017）、《电梯维护保养规则》（TSG T5002—2024）等新规范，以及电梯一体化控制技术、高速电梯等新技术，确保教材内容的前沿性和实用性。

本书编写团队由职业院校教学名师、行业企业资深技术专家共同领衔，由湖南电气职业技术学院周献、马幸福任主编，吴哲任主审，参编人员有湖南电气职业技术学院的雍马思倩、胡峥、杜协和，湖南机电职业技术学院的刘洋，甘肃机电职业技术学院的伏根来以及湖南省特种设备检验检测研究院的肖杰文、奥的斯电梯（上海）管理有限公司的谭用、迅达（中国）电梯有限公司的黄志豪。

由于编者水平有限，书中难免存在不妥之处，敬请广大读者批评指正。

编者

目　录

电梯保养模块 / 1

电梯维修模块 / 143

学生工作手册

电梯保养模块

项目一
了解电梯安全操作规范

任务一　了解机房断电锁闭操作规范

➡️ 任务导入

电梯维护保养时，经常需要对电源控制箱进行断电锁闭，那么如何对电源控制箱进行断电锁闭操作呢？

通过本任务的学习，进一步了解电梯现场用电安全知识，能够准确运用相关仪器与工具，在机房规范完成断电锁闭的操作步骤及安全验证过程。同时，知晓在操作过程中需要注意的相关安全事项与技术要求。

📚 学习目标

☞ 能严格执行安全操作规程，培养规范操作意识和安全意识；

☞ 熟悉电源控制箱及主电源开关的位置、作用及要求；

☞ 掌握电源电压及控制柜零能量的检测方法；

☞ 能正确地实施机房断电锁闭操作。

✈️ 相关知识

微课扫一扫

▶ 机房断电锁闭操作规范 ◀

一、电源控制箱

电梯机房内设有电源控制箱，一般由三个断路器构成（图 1-1-1），主电源开关负责送电给控制柜，轿厢照明开关和井道照明开关分别控制轿厢照明、井道照明。检修时箱体可上锁，防止意外送电。

电源控制箱内的开关、保险、电气设备的电缆等应与所带负荷相匹配。严禁使用其他材料代替保险丝。

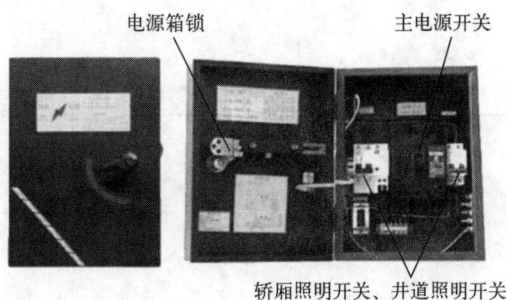

图 1-1-1　电源控制箱

二、安全知识

进行任何一项不需要电能的工作时，电能量要处于"零"能量状态，其目的是通过控制或解除能量的行为，确认其锁定情况，彻底排除存在的危险。在实施维修作业时，凡不必要的设备或设施都要处于"零"能量状态，即主电源开关（主开关）必须实施断电和上锁挂牌，且检查设备电能量状态之前应校验电工万用表是否正常工作。

三、标准链接

◆ GB/T 7588.1—2020《电梯制造与安装安全规范　第 1 部分：乘客电梯和载货电梯》中关于主开关的相关规定，请扫描二维码；

◆ GB/T 10058—2023《电梯技术条件》中关于技术要求的相关规定，请扫描二维码。

▶标准链接◀

⚙ 任务实施

（一）操作前的准备

本任务操作前，主要做好如下几项准备工作。

检查工具齐全及完好，穿戴好劳动防护用品（表 1-1-1）；基站厅外放置安全护栏及警示标识。检查机房及周边环境，清除异物，确保其通道畅通；做好工具箱及工具的准备工作（表 1-1-2）。

1. 防护工具（表 1-1-1）

表 1-1-1　防护工具一览表

安全帽	防护手套	安全鞋

2. 维保工具（表 1-1-2）

表 1-1-2　维保工具一览表

	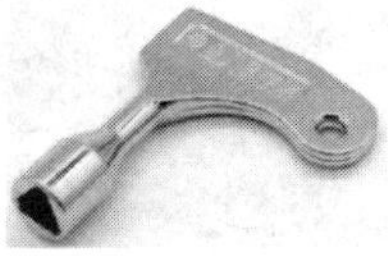	
工具箱	三角钥匙	清洁布

绝缘手套	围栏	门阻止器
	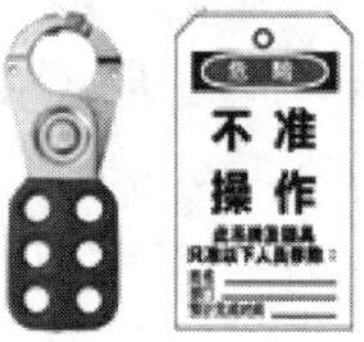	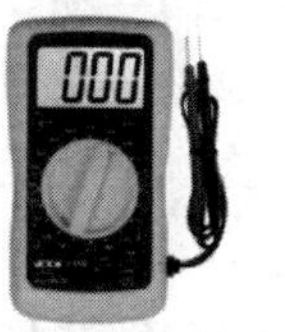
锁具	锁扣与标识	万用表

（二）操作过程

断电锁闭的操作步骤如表 1-1-3 所示。

表 1-1-3　断电锁闭的操作步骤

步骤	维保内容及操作过程示意图	
第 1 步	进入机房，扫视四周后，打开对讲机与另一维修人员联络	
第 2 步	将机房维修开关拨到维修挡位	

步骤	维保内容及操作过程示意图
第 3 步	用万用表测量电源控制箱插座电压数值（详见 GB/T 10058—2023《电梯技术条件》4.2.4 中规定：±7％范围内）
第 4 步	戴着绝缘手套拉下电源主开关；锁上电源箱，并保管好钥匙
第 5 步	在电控柜主电源端子上，用万用表检测其是否为零电量
第 6 步	维修后开锁复位，将电源控制箱用随身带着的钥匙开锁
第 7 步	然后戴着绝缘手套闭合电源主开关，关闭电源控制箱
第 8 步	最后将电控柜的维修开关拨到正常挡位；复核电梯正常运行

在实训基地进行实际操作时，按步骤进行操作，并根据过程中需要使用到的工具完成学生工作手册中的"工具、材料申领单"；根据实际操作步骤完成学生工作手册中的"作业过程记录表"。

🎖 任务评价

根据安全意识、断电操作、职业规范和环境保护、操作记录四个方面的考核细则完成学生工作手册中的"机房断电锁闭操作考核评价表"。

👥 思考与练习题

1. 当电梯为无机房电梯时，其主开关应装设在哪个位置？
2. 用数字万用表测量电源箱插座电压数值时，其额定电压的允许波动值的范围是多少？

任务二　了解进出轿顶操作规范

➡ 任务导入

电梯维护保养时，需要进出轿顶（轿厢顶）进行井道内相关零部件的检修等工作。那么，如何正确地进出轿顶进行安全操作呢？

通过本任务的学习，进一步知悉电梯安全操作存在的风险，能够准确运用相关仪器与工具，在层门外规范完成进出轿顶的操作步骤及安全验证过程。同时，知晓在操作过程中需要注意的相关安全事项与技术要求。

📖 学习目标

☞ 遵守安全作业规程，提高安全意识；
☞ 熟悉电梯轿顶检修运行控制装置的组成、作用及操作要求；
☞ 掌握电梯层站层门门锁、轿顶急停开关、轿顶检修开关的验证方法；
☞ 能正确地实施进出电梯轿顶的安全操作。

✈ 相关知识

微课扫一扫

▶进出轿顶
操作规范◀

一、安全知识

在所有的日常维保活动中，必须同时识别、评价和控制所有作业场所的危险与风险，避免和预防各类事故的发生，使安全成为必然。

我国有关电梯技术标准规定，轿顶应符合以下要求：

（1）轿顶应有足够的强度以支撑进入足够多的人员。其强度应至少能承受作用于任何位置，且均匀分布在 $0.3m \times 0.3m$ 面积上的 $2000N$ 的静力，其永久变形不大于 $1mm$。

（2）当需要一个以上人员进入轿顶时，应为每个增加的人员提供一个额外的避险空间，并且在轿顶上设置标志，明确标明允许进入的人员数量与避险姿势。

（3）轿顶工作表面应是防滑的。

此外，轿顶上至少应有一块不小于 0.12m^2 的站人用的净面积，其小边长度至少应为 0.25m。

二、检修运行控制装置

为方便电梯检修运行，在其轿顶专门配置有检修运行控制装置（图1-2-1），其由上/下行按钮、共通按钮、急停开关、检修开关及照明灯等组成。

上/下行按钮　　　　　共通按钮

急停开关

检修开关

图 1-2-1　检修运行控制装置

1. 急停开关

轿顶急停开关属于安全开关，如图1-2-1所示，是串接在电梯安全回路中的一种不能自动复位的手动开关。当轿顶遇到紧急情况或在轿顶处检修电梯时，为防止电梯的启动、运行，将急停开关揿按关闭，切断主机供电以保证安全。

2. 检修开关

（1）轿顶检修开关是为便于在井道内进行检修和维护作业而设置的控制装置，其安装在轿顶位置，且永久设置并易于操作。

（2）检修运行时，应取消正常运行的各种自动操作，此时轿厢的运行依靠上、下行按钮持续按压方向操作。

（3）其设计与性能要求详见下面的标准链接。只有操作检修开关到正常运行位置，才能使电梯重新恢复正常运行。

三、标准链接

◆ **GB/T 7588.1—2020**《电梯制造与安装安全规范　第1部分：乘客电梯和载货电梯》中关于检修运行控制的相关规定，请扫描二维码。

▶标准链接◀

任务实施

（一）操作前的准备

本任务操作前，主要做好如下几项准备工作。

　　检查工具齐全及完好，穿戴好劳动防护用品（表1-2-1）；基站层门外、轿厢内放置安全护栏及警示标识。检查厅外及周边环境，清除异物，确保其通道畅通；做好工具箱及工具准备工作（表1-2-2）。

1. 防护工具（表1-2-1）

表1-2-1　防护工具一览表

 安全帽	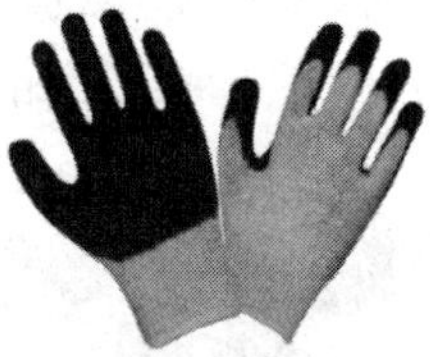 防护手套	 安全鞋

2. 维保工具（表1-2-2）

表1-2-2　维保工具一览表

 刷子	 三角钥匙	 清洁布
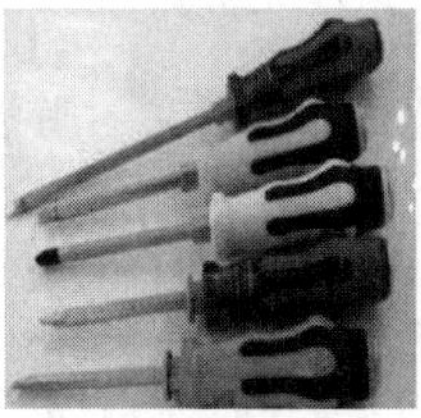		
螺钉旋具	围栏	门阻止器
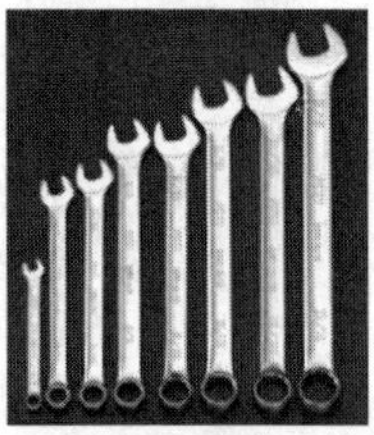		
扳手	工具箱	卷尺

（二）操作过程

　　进出轿顶操作步骤如表1-2-3所示。

表 1-2-3 进出轿顶操作步骤

步骤	维保内容及操作过程示意图	
第 1 步	进入轿顶前，将电梯正常运行至下一层停止	内呼下一层和底层
第 2 步	使电梯向下运行至超平层 2~3m，即轿顶平面应与厅外地坎面高度差在±0.5m 内	
第 3 步	用三角钥匙打开层门，装上门阻止器，验证层门门锁	
第 4 步	按下轿顶急停开关，关闭层门；验证急停开关	按下"急停"开关
第 5 步	再开层门，开启检修挡位，恢复急停开关；关闭层门，验证检修开关	

续表

步骤	维保内容及操作过程示意图	
第6步	重开层门，打开急停按钮；小心进入轿顶	
第7步	进入前，开启轿顶照明灯，将检修开关置于"检修"位置，并将工具箱放置在轿顶安全位置。然后恢复急停按钮，站好位置后关闭层门	一只手抓住墙体 另一只手将"检修"开关打到"检修"位置 "检修"开关
第8步	分别验证"上行""下行"及"共通"按钮是否有效；启动轿厢在检修状态下的上行与下行按钮，验证运行动作是否可靠	按下"上行按钮"
第9步	出轿顶时，将电梯检修运行至出轿顶方便打开层门门锁的位置	
第10步	打开厅门，保持厅门开启状态	开厅门门锁后打开厅门
第11步	收拾好工具箱，放置在厅外安全位置	

续表

步骤	维保内容及操作过程示意图	
第 12 步	恢复急停按钮	
第 13 步	恢复轿顶检修开关（正常挡），关掉轿顶照明灯	
第 14 步	退出轿顶，恢复轿顶急停按钮，关闭层门	
第 15 步	使电梯恢复平层，呼梯到本楼层，确认其正常运行	

在实训基地进行实际操作时，按步骤进行操作，并根据过程中需要使用到的工具完成学生工作手册中的"工具、材料申领单"；根据实际操作步骤完成学生工作手册中的"作业过程记录表"。

任务评价

根据安全意识、进入轿顶、走出轿顶、职业规范和环境保护、操作记录五个方面的考核细则完成学生工作手册中的"电梯进出轿顶操作考核评价表"。

思考与练习题

1. 电梯维保人员进入轿顶前，应经过哪几个开关验证操作，才能安全进入？
2. 在维保过程中，操作电梯轿厢检修运行时，有哪两种运行速度？

任务三　了解进出底坑操作规范

任务导入

在电梯维护保养时，需要进出底坑进行井道底层空间相关零部件的维保与检修工作。那么，应如何准确而安全地进出底坑呢？

通过本任务的学习，进一步了解现场作业过程中存在的安全风险，能够准确运用相关仪器与工具，在底层层门外规范完成进出底坑的操作步骤及安全验证过程。同时，知晓在操作过程中需要注意的相关安全事项与技术要求。

学习目标

☞ 具有严谨细致规范的工作态度；
☞ 熟悉电梯底坑空间构成及相关安全要求；
☞ 掌握底坑检修运行控制装置的操作要求及验证方法；
☞ 能正确地实施进出电梯底坑的安全操作。

相关知识

微课扫一扫

▶进出底坑
操作规范◀

一、安全知识

进行底坑作业时，应注意以下事项并严格遵守进出底坑的操作程序。

（1）防止高空坠物，时刻注意佩戴好安全帽；作业期间使用相应类型手套。

（2）进入井道之前切断锁闭主电源，或关闭电梯运行。

（3）在井道内若旁边有电梯在运行，则不要靠近运行的电梯作业。

（4）如在一共用井道（即多台电梯在同一井道内）中的一台电梯轿顶工作，须采取措施来保护员工和乘客不受邻近的运动物体及坠落的设备、装置、垃圾、工具等的伤害。

（5）不要一个人前往工地单独工作，通常和同伴一起，时刻与同伴保持有效的沟通联系。

（6）一些底坑比较深，不要跳进底坑，一定要使用梯子，小心爬入底坑。

（7）在底坑作业时，使用门阻止器将层门关闭，留下约 100mm 的间隙。

二、对底坑空间的要求

除缓冲器座、导轨座以及排水装置（如果有）外，底坑的底部应光滑平整；且底坑不得作为积水坑使用。

除底层层门外，如有通向底坑的门，应符合通道门的技术要求。若底坑深度超过 2.5m，则建筑物的布置允许对应设置底坑通道门。为了便于维修人员安全地进入底坑，如果没有其他通道，则应设置从层门进入底坑的永久通道，但此通道不得凸入电梯运行空间，且通道门

或在井道内设置的梯子应符合相关技术要求。

三、底坑的构成及布局

底坑在井道的底部。它是电梯最低层站下面的封闭空间（图 1-3-1），底坑里有导轨座（板）、轿厢和对重所用的缓冲器、限速器张紧装置、检修运行控制装置（含上、下急停开关）、补偿装置的张紧机构（如果有）、井道照明灯及梯子（又称爬梯）等。

图 1-3-1　底坑空间构成图

此外，如果井道下方有人员能够到达的空间，应经常检查及维护其对重（或平衡重）上安全钳的设置。

四、标准链接

◆ GB/T 7588.1—2020《电梯制造与安装安全规范　第 1 部分：乘客电梯和载货电梯》中关于检修运行控制的相关规定，请扫描二维码；

◆ GB/T 7588.1—2020《电梯制造与安装安全规范　第 1 部分：乘客电梯和载货电梯》中关于底坑的相关规定，请扫描二维码；

◆ GB/T 7588.1—2020《电梯制造与安装安全规范　第 1 部分：乘客电梯和载货电梯》中关于进出底坑的梯子相关规定，请扫描二维码。

▶标准链接◀

任务实施

（一）操作前的准备

本任务操作前，主要做好如下几项准备工作。

检查工具齐全及完好，穿戴好劳动防护用品（表 1-3-1）；层门外、轿厢内放置安全护栏及警示标识。检查厅外及周边环境，清除异物，确保其通道畅通；做好工具箱及工具准备工作（表 1-3-2）。

1. 防护工具（表 1-3-1）

表 1-3-1　防护工具一览表

安全帽	防护手套	安全鞋

2. 维保工具（表 1-3-2）

表 1-3-2　维保工具一览表

刷子	三角钥匙	清洁布
螺钉旋具	围栏	门阻止器
扳手	工具箱	卷尺

（二）操作过程

进出坑底的操作步骤如表 1-3-3 所示。

表 1-3-3 进出底坑的操作步骤

步骤	维保内容及操作过程示意图	
第 1 步	在底层层门口设置"电梯作业中,不准靠近"防护围栏	
第 2 步	将电梯正常运行至第二层(次底层),离开轿厢,关闭层门	内呼下一层和底层
第 3 步	用钥匙打开层门,验证层门门锁	
第 4 步	再开层门,验证上急停开关	
第 5 步	重开层门,使层门呈完全打开状态,装上门阻止器	
第 6 步	顺着爬梯进入底坑(不借助混凝土墩及缓冲器或地坎槽)	

续表

步骤	维保内容及操作过程示意图	
第 7 步	打开底坑照明开关，按下下急停按钮	
第 8 步	爬出层门，恢复上急停按钮，关门验证下急停开关	
第 9 步	再次顺着爬梯进入底坑，放入工具箱；并在门中装上门阻止器，使层门呈现约 100mm 打开状态	
第 10 步	作业后，用门阻止器使层门处于完全开启状态	
第 11 步	先把维修工具箱等物品放置在层门外	
第 12 步	恢复下急停按钮，关闭底坑照明	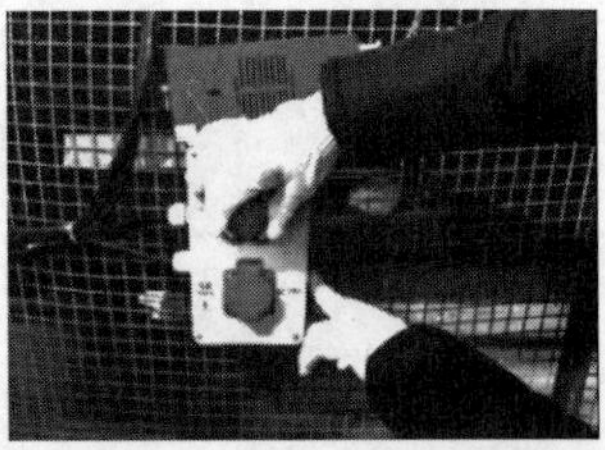

续表

步骤	维保内容及操作过程示意图	
第13步	利用爬梯退出底坑	
第14步	关闭并确认层门	
第15步	将层门防护围栏收起，收好工具箱	
第16步	呼回轿厢，确认电梯正常运行	

　　在实训基地进行实际操作时，按步骤进行操作，并根据过程中需要使用到的工具完成学生工作手册中的"工具、材料申领单"；根据实际操作步骤完成学生工作手册中的"作业过程记录表"。

任务评价

　　根据安全意识、进入底坑、走出底坑、职业规范和环境保护、操作记录五个方面的考核细则完成学生工作手册中的"电梯进出底坑操作考核评价表"。

思考与练习题

　　1. 电梯维护人员进入底坑时，应经过哪几个开关验证操作，才能安全进入？

　　2. 底坑检修运行控制装置应设置在距离避险空间多少范围内，能够从其中一个避险空间进行安全操作？

任务四　电梯困人紧急救援操作

▶▶ 任务导入

　　电梯困人是指电梯因门锁故障、安全回路或控制系统失灵或误动作、供电系统停电以及人为操作等，造成正常行驶的电梯突然停驶，从而将乘客围困在轿厢内的现象。

　　本任务主要运用电梯现场困人救援安全知识，通过电梯现场轿厢困人紧急救援操作程序，能够准确掌握其救援工具及相关要求的操作，及时而安全地将被困人员解救出来。那么应如何对被困人员进行紧急救援呢？

📚 学习目标

☞ 具有给予被困乘客人文关怀的服务意识；
☞ 具有在救援过程中紧密合作的团队精神；
☞ 掌握有（小）机房电梯和无机房电梯困人救援时的操作流程及方法；
☞ 能正确实施有（小）无机房电梯困人救援操作程序；
☞ 能依据电梯现场困人救援操作程序及其安全管理要求，制定应急措施和救援预案。

✈ 相关知识

一、安全知识

　　电梯困人对于乘客而言，只要不强行扒门出去，待在轿厢，等待救援，其实没有什么危险。轿厢内有良好的通风，有求救警铃及双向对讲系统，有应急照明。只要乘客放松心情，保持冷静，采取正当求救或联系措施，就不会受到伤害。在现实工作及生活中，乘客被困后未能得到及时解救，或施救方法不当才会引发人身伤害等事故。

　　有（小）机房电梯，因为电梯主机设置在方便进出的机房空间内，而且都配有盘车手轮，当发生轿厢困人时，可采用手动盘车的方式进行紧急救援，不仅非常简便和安全，而且不受停电的影响。无机房电梯因其没有机房，电梯的主机等都设置在井道内，使得维修人员无法直接接触主机进行松闸和盘车操作，故操作方式与有机房电梯有所不同。

二、救援工具与装置

1. 手动紧急操作工具

　　当电梯停电或发生故障需要对被困在轿厢内的人员进行救援时，就需要手动紧急操作，一般称为"人工盘车"。其工具由盘车手轮及扳手组成，如图 1-4-1 所示。

2. 人工紧急开锁装置

　　为了在必要（如救援）时能从层站外打开层门，规定每个层门都应有人工紧急开锁装置，由专业人员用三角钥匙开启（图 1-4-2）。当轿厢被盘车至平层标记位置时，用三角钥匙打开厅门及轿门，即可解救乘客。

图 1-4-1　盘车手轮及扳手

图 1-4-2　人工紧急开锁

3. 平层标记

为使操作人员在操作时知道轿厢的具体楼层位置，机房内必须设有层站指示标记，具体如图 1-4-3（a）、（b）所示。

（a）平层标记

（b）平层标记说明

图 1-4-3　平层标记及说明

三、标准链接

◆ **TSG T5002—2017《电梯维护保养规则》** 中关于电梯救援预案的相关规定与要求，请扫描二维码。

▶标准链接◀

任务实施

（一）操作前的准备

本任务操作前，主要做好如下几项准备工作。

检查工具齐全及完好，穿戴好劳动防护用品；厅外放置安全护栏及警示标识。做好工具箱及工具准备工作。同时，确定被困人员位置，做好安抚工作。

1. 防护工具（表 1-4-1）

表 1-4-1　防护工具一览表

 安全帽	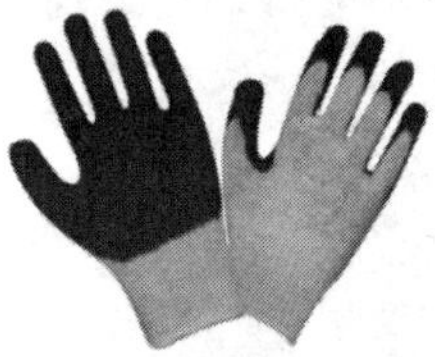 防护手套	 安全鞋

2. 维保工具（表 1-4-2）

表 1-4-2　维保工具一览表

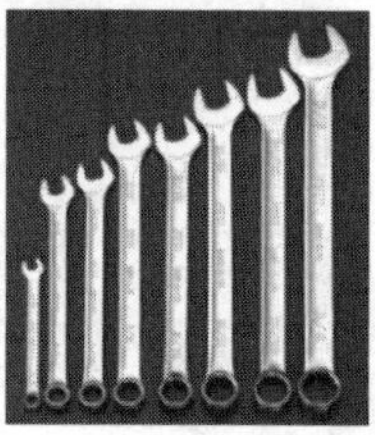 扳手	 三角钥匙	 工具箱
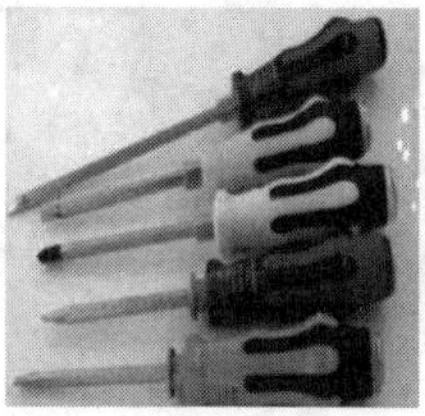		
螺钉旋具	围栏	门阻止器

（二）操作过程

（1）有机房电梯困人救援（电梯处于平层位置）见表 1-4-3。

表 1-4-3　有机房电梯困人救援（电梯处于平层位置）

步骤	维保内容及操作过程示意图	
第 1 步	在基站层门口和轿厢内设置护栏	

步骤	维保内容及操作过程示意图	
第2步	使用三角钥匙，如能打开困人轿厢层门与轿门时，可确认轿厢处于平层位置，即轿厢停在距平层标记位置±250mm 范围内，则可直接安排开门救援	
第3步	通过层门、轿门与轿厢内乘客进行对话，并提示其不要倚靠轿门	
第4步	同时切断电源，但须保留轿厢照明供电	
第5步	用三角钥匙打开层门及轿门，然后协助乘客安全撤离轿厢，并确认乘客数量及身体状况	

（2）有机房电梯困人救援（电梯处于非平层位置）见表1-4-4。

表1-4-4 有机房电梯困人救援（电梯处于非平层位置）

步骤	维保内容及操作过程示意图	
第1步	使用机房对讲，安慰乘客及确认乘客数量。告知乘客轿厢将会移动，要求乘客静待在轿厢内，不要乱动，并远离轿门；如轿门已被拉开，则要求乘客把轿门手动关上	
第2步	切断主电源开关并锁闭，以防止电梯意外启动，但须保留轿厢照明供电	
第3步	在曳引电动机轴尾装上盘车装置，在制动器上安装松闸扳手	

续表

步骤	维保内容及操作过程示意图	
第4步	盘车救援：一人把持手轮盘车，防止电梯在机械松制动器时发生意外或过快移动，然后另一人配合采用机械方法一松一紧制动器。当制动器松开时，另外一人用力绞动盘车手轮，按正确方向使轿厢断续地缓慢移动到距平层标记位置±150mm范围内。 **注意**：盘车过程中两人需密切配合。松闸之前，负责松闸的人员需要与负责盘车的人员进行交流	
第5步	解救乘客。将松闸装置恢复正常，使用三角钥匙打开轿厢，并协助乘客撤出轿厢，再次安慰乘客，确认乘客数量及身体状况	

（3）无机房电梯困人救援（电梯处于平层位置）见表1-4-5。

表 1-4-5　无机房电梯困人救援（电梯处于平层位置）

步骤	维保内容及操作过程示意图	
第1步	与业主沟通，在基站放置围栏，电梯停止对外使用	
第2步	使用三角钥匙，将层门打开30mm左右，确认轿厢初步位置	
第3步	通过层门、轿门与轿厢内乘客进行对话，并提示其不要倚靠轿门	
第4步	切断主电源开关，防止电梯意外启动，但须保留轿厢照明供电	

步骤	维保内容及操作过程示意图	
第5步	维修人员可直接打开层门、轿门，协助乘客安全撤离轿厢，并确认乘客数量及身体状况	

（4）无机房电梯困人救援（电梯处于非平层位置）见表1-4-6。

表1-4-6　无机房电梯困人救援（电梯处于非平层位置）

步骤	维保内容及操作过程示意图	
第1步	与业主沟通，在基站放置围栏，电梯停止对外使用	
第2步	使用三角钥匙，将层门打开30mm左右，确认轿厢初步位置	
第3步	与乘客进行对话，安慰乘客及确认乘客数量。告知乘客轿厢将会移动，要求乘客静待在轿厢内，不要乱动，并远离轿门；如轿门已被拉开，则要求乘客把轿门手动关上	
第4步	切断主电源开关并锁闭，防止电梯意外启动，但须保留轿厢照明供电	

续表

步骤	维保内容及操作过程示意图	
第5步	使用松闸扳手，间歇性地释放扳手，使轿厢向上或向下运行。 当按上述方法和步骤操作发现异常情况时，应立即停止救援并及时通知相关人员作出处理。 **注意：**如轿厢和对重重量平衡，可在轿顶上放置适当重物	
第6步	通过观察口观察轿厢位置或根据平层指示灯，将轿厢移动到邻近合适的层门位置后，停止松闸，将松闸装置恢复正常	
第7步	打开层门、轿门，协助乘客撤出轿厢，再次安慰乘客，确认乘客数量及身体状况	
第8步	检查困人原因，排除后试运行，并做相应记录，经确认无故障后交付使用	

在实训基地进行实际操作时，按步骤进行操作，并根据过程中需要使用到的工具完成学生工作手册中的"工具、材料申领单"；根据作业内容以及任务分工完成学生工作手册中的"作业计划及任务分工表"；根据实际操作步骤完成学生工作手册中的"作业过程记录表"和"作业记录单"。

任务评价

根据安全意识、盘车救人的基本操作、盘车的姿势、职业规范和环境保护、操作记录五个方面的考核细则完成学生工作手册中的"电梯困人救援操作考核评价表"。

思考与练习题

1. 电梯在任何时候、任何地点发生困人故障及突发事件时，其维保单位应采取哪些应急措施？

2. 根据电梯自动门锁与门刀的动作机理，为什么轿厢必须盘车至平层标记处，才能打开层门及轿门将被困乘客解救出来？

项目二
电梯机房设备维护保养

任务一　曳引机制动器维护保养

任务导入

　　曳引机制动器是动作频繁的电梯主要安全部件之一，能使电梯电动机在没有电源供应及发生安全故障的情况下停止转动，并使轿厢有效地制停。电梯能否安全运行与制动器的工作状况密切相关。大量电梯事故案例表明，制动器故障是导致电梯发生冲顶、蹲底、溜车，甚至剪切事故的主要原因。

　　通过本任务的学习，了解曳引机制动器是电梯的重要安全部件，熟悉其结构组成及特点；掌握在维修过程中进行制动器维护保养的操作流程，并且能够熟练运用相关仪器与工具；知晓在制动器日常保养过程中，需要注意的相关安全事项与技术要求。

学习目标

- ☞ 具备安全操作的职业素养；
- ☞ 熟悉各类型制动器的结构特点、作用及要求；
- ☞ 掌握曳引机制动器动作及制动间隙的检测方法；
- ☞ 能正确地实施曳引机制动器日常维护保养的操作流程；
- ☞ 能正确填写其维保记录单。

相关知识

一、曳引机制动器结构组成

　　曳引机的结构不同，则制动器的制动方式不同，依据制动片结构及受力状况，主要类型分为如下两种，即块式（又称为闸瓦式）和盘式（也称为碟式）。图 2-1-1、图 2-1-2 为块式；

图 2-1-3、图 2-1-4 为盘式。

图 2-1-1　块式（1）

图 2-1-2　块式（2）

图 2-1-3　盘式（1）

图 2-1-4　盘式（2）

　　制动器通常由双推电磁铁和抱闸线圈、制动臂、压缩弹簧、闸瓦及制动轮（盘）等组成。所有参与向制动轮或盘施加制动力的制动器部件分两组装设，如图 2-1-5 所示。其特点是采用机电摩擦型常闭式制动器。所谓常闭式制动器，是指电梯停止运行时制动器制动，电梯运行时，依靠电磁力使制动器松闸，因此又称电磁制动器。

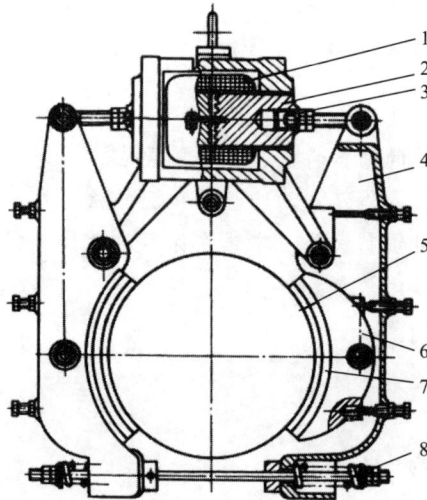

图 2-1-5　制动器

1—线圈；2—电磁铁芯；3—调节螺母；4—制动臂；5—制动轮；6—闸瓦；7—制动衬；8—制动弹簧

二、制动器工作原理

制动器通电时解除制动，电梯得以运行；当电梯动力电源或控制电源断电时，或电梯运行超限、超速、出现故障时，制动器立即制动，使电梯停止运行或不能启动；电梯停电或发生事故时，制动器应制动可靠；电梯正常运行时，制动器应完全释放，制动闸瓦不得与制动轮发生任何接触。

三、制动器维保要求

在电梯的运行过程中，必须定期根据电梯的运作情况，对其做检查保养，必要时进行维修、更换及加油润滑。为减少制动器抱闸、松闸过程中的噪声，必须控制制动电磁铁线圈内铁芯之间的间隙；制动闸瓦与制动轮之间的间隙在制动解除时保持不超过 0.7mm，并且不得有接触区域；抱闸后闸瓦与制动轮间的贴合面积必须大于闸瓦面积的 80%。制动电磁铁通、断电时，制动系统中各运动部件应动作灵活，无卡滞现象。

此外，电梯在正常运行过程中，当制动器采用 B 级或 F 级绝缘时，其线圈温升应分别不超过 80K 或 105K。

四、标准链接

◆ GB/T 7588.1—2020《电梯制造与安装安全规范　第 1 部分：乘客电梯和载货电梯》中关于制动器的相关规定，请扫描二维码；

◆ TSG T5002—2017《电梯维护保养规则》中关于制动器的相关规定，请扫描二维码。

▶ 标准链接 ◀

⚙ 任务实施

（一）操作前的准备

检查工具齐全及完好，穿戴好劳动防护用品（表 2-1-1）；厅外放置安全护栏及警示标识。检查机房及周边环境，清除异物，确保其通道畅通；做好工具箱及工具准备工作（表 2-1-2）。

1. 防护工具（表 2-1-1）

表 2-1-1　防护工具一览表

安全帽	防护手套	安全鞋

2. 维保工具（表 2-1-2）

表 2-1-2　维保工具一览表

刷子	三角钥匙	清洁布
螺钉旋具	安全护栏	门阻止器
锁具	锁扣与标识	塞尺
万用表	油枪	钢尺
扳手	工具箱	卷尺

（二）维保过程

（1）制动器间隙检查与调整（A1❶）过程见表 2-1-3。

微课扫一扫

▶制动器间隙◀

---

❶　在电梯维保中，A1、A2、A3、A4 通常指不同维保周期的维保项目，其中，A1 为半月维保项目；A2 为季度维保项目；A3 为半年维保项目；A4 为年度维保项目。

保养标准：打开时制动衬与制动轮不应发生摩擦。

表 2-1-3　制动器间隙检查与调整过程

步骤	维保内容及操作过程示意图
	有齿轮曳引机制动器间隙检查与调整
第1步	将对重完全压到缓冲器上 
第2步	执行断电锁闭程序，切断电梯主电源 
第3步	检查确认闸瓦紧密地贴合于制动轮的工作表面上；当松闸时，闸瓦应同时离开制动轮的工作表面，不得有局部摩擦，此时在制动轮与闸瓦之间形成的间隙应≤0.7mm 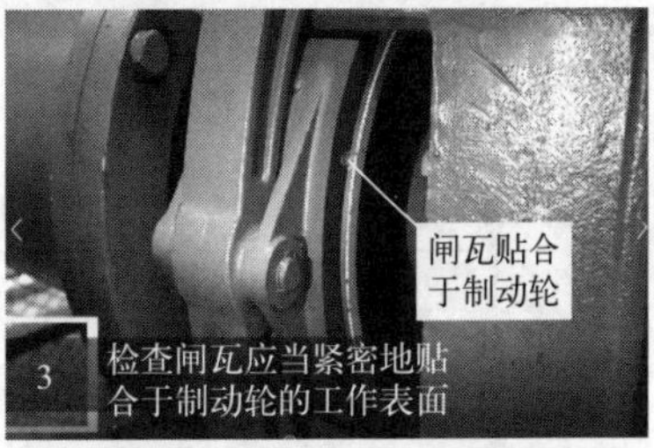  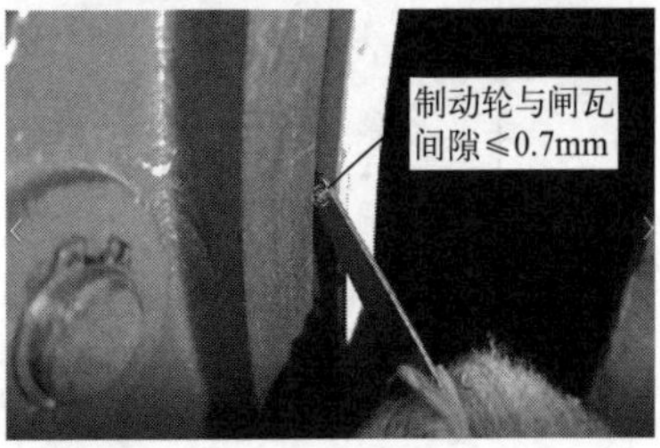

步骤		维保内容及操作过程示意图	
第4步		闸瓦的衬垫如有油腻等，要拆下清洗，以防打滑	 4 闸瓦的衬垫如有油腻等 要拆下清洗 以防打滑
第5步		每隔一段时间要调整制动器弹簧的弹簧力，使电梯在满载下降时应能提供足够的制动力使轿厢迅速制停	 制动器弹簧 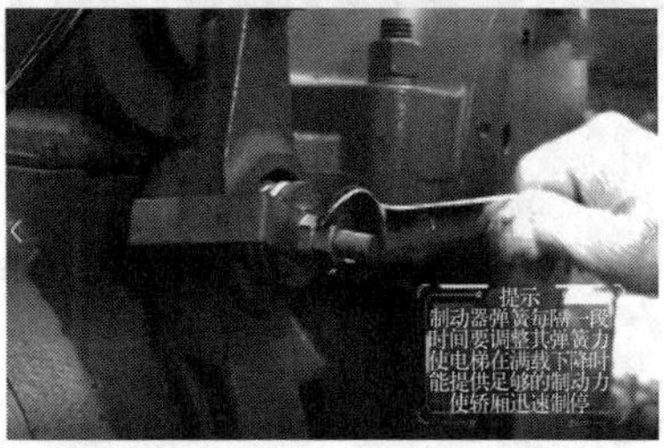 提示 制动器弹簧每隔一段时间要调整其弹簧力使电梯在满载下降时能提供足够的制动力使轿厢迅速制停
无齿轮曳引机制动器间隙检查与调整			
制动器间隙调整	第1步	制动器间隙指静板与动板间距离，其间隙值要求为抱闸吸合时≤0.1mm，抱闸释放时为0.25～0.4mm	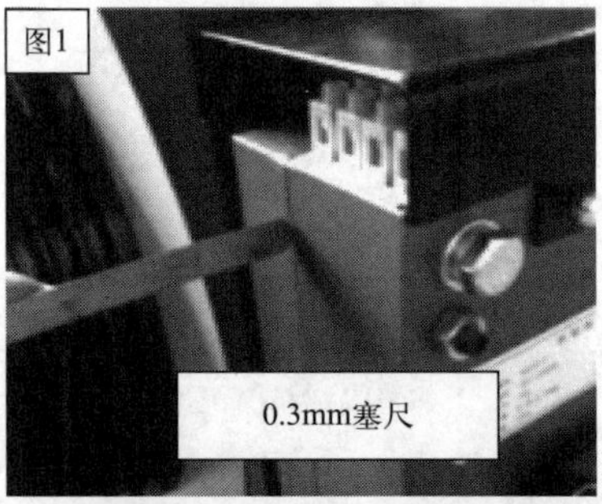 图1 0.3mm塞尺  图2

步骤		维保内容及操作过程示意图
制动器间隙调整	第 1 步	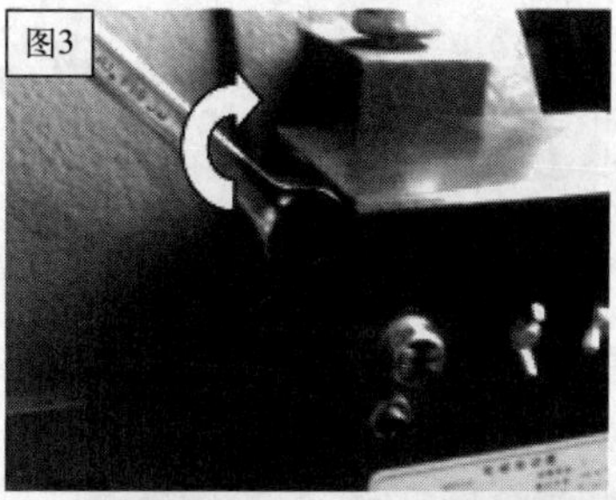 　如图 1～图 4 所示，使用 0.3mm 的塞尺检查制动器一角间隙，当间隙＜0.3mm 时，逆时针松开该角安装螺栓，之后小角度顺时针旋动空心螺栓，然后锁紧安装螺栓 图3  图4
	第 2 步	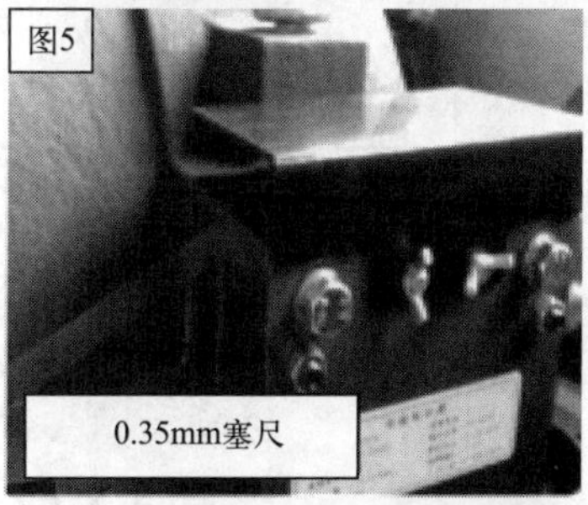 　如图 5～图 8 所示，使用 0.35mm 的塞尺检查制动器一角间隙，当间隙＞0.35mm 时，逆时针松开该角安装螺栓 图5  0.35mm塞尺 图6  图7

步骤		维保内容及操作过程示意图
制动器间隙调整	第2步	之后小角度顺时针旋动空心螺栓，然后锁紧安装螺栓
	第3步	调整制动器所有角的间隙保证 0.3mm 的塞尺能过，0.35mm 的塞尺不能过
制动器行程调整		如图 9 所示，在制动器吸合状态下，使用 0.08mm 塞尺检查抱闸轮和刹车片之间的轮面间隙，当间隙<0.08mm 时，按照调整制动器间隙的调整方法和步骤，微调保证轮面间隙≥0.08mm

注：制动器调整时严禁轿厢载人或载物。

（2）制动器各销轴部位（A1）的维保操作过程见表 2-1-4。
保养标准：润滑，动作灵活。

表 2-1-4　制动器各销轴部位的维保操作过程

步骤	维保内容及操作过程示意图
第1步	电梯以检修速度断续运行时，观察制动器两侧销轴动作是否灵活，制动是否可靠

续表

步骤	维保内容及操作过程示意图	
第2步	清理制动器销轴表面的锈蚀；检查销轴表面是否有裂纹或磨损过大，若有裂纹或磨损过大则应更换。当销轴无加油孔，则要求每年将其拆下进行润滑；如销轴磨损超过原直径5%或椭圆度超过0.5mm时应更换	
第3步	用油枪对制动器销轴进行润滑，擦拭干净多余的润滑剂	

（3）制动衬（A2）维保操作过程见表2-1-5。

保养标准：清洁，磨损量不超过制造单位要求。

表2-1-5　制动衬维保操作过程

步骤	维保内容及操作过程示意图	
第1步	目测检查制动衬周围无油污、粉末出现； 制动衬无碳化现象； 制动轮没有出现变色现象（蓝色）。 如果有上述现象，立即停梯并检查原因	
第2步	使用钢板尺或专用工具检查制动衬厚度，其厚度不应小于4mm，如果小于4mm应更换。 **注意**：不包括底下衬铁厚度	
第3步	检查铆钉必须置于凹槽内，不得凸出	
第4步	如果制动衬或制动轮上有油渍等，则按以下步骤进行清洁： 用干净的抹布将制动衬和制动轮擦拭干净，转动制动轮以便能够清洁所有区域。如用干净抹布不能擦净则使用浸有机械清洁剂的抹布，擦净制动衬和制动轮。仍不行，则上报	

（4）制动器动作状态监测装置（A3）的维保操作过程见表 2-1-6。

保养标准：工作正常，制动器动作可靠。

表 2-1-6　制动器动作状态监测装置的维保操作过程

步骤	维保内容及操作过程示意图	
第 1 步	先确定制动开关上固定螺栓已经紧固，目测观察制动器开关外观无开裂破损	制动器开关
第 2 步	启制动过程中将会听到一声轻微的"喀"声，这说明开关动作正常。并在服务器上确认开关是否有效	
第 3 步	吸合式制动器在闭闸时开关与顶杆应有 0.15～0.25mm 间隙； 推出式制动器在开闸时开关与顶杆应有 0.20～0.50mm 间隙	抱闸闭合时应该有0.15~0.25mm间隙并检测动作有效 吸合式制动器开关 推出式制动器开关 0.20~0.50mm间隙
调整方法	保证触发螺栓的表面和制动开关刚刚接触，然后将触发螺栓调整到要求的间隙，锁紧锁母。吸合式制动器在抱闸闭合状态下调整；推出式制动器在抱闸打开状态下调整	

（5）制动器制动弹簧压缩量（A4）维保操作过程见表 2-1-7。

保养标准：符合制造单位要求，保持有足够制动力。

表 2-1-7　制动器制动弹簧压缩量维保操作过程

步骤	维保内容及操作过程示意图	
第 1 步	用 150mm 钢板尺检查弹簧压缩量。制动弹簧压缩量要求制动臂两侧尺寸一致。具体尺寸参见制造单位规定或标记	

续表

步骤	维保内容及操作过程示意图
第 2 步	检查制动臂开启时，其闭合要求同步
第 3 步	必要时（如制动衬更换后），应检查其制动力是否能满足 1.25 倍额定载重量下行制动和 1.5 倍静载试验

（6）制动器铁芯（柱塞）（A4）维保操作过程见表 2-1-8。

保养标准：进行清洁、润滑、检查，磨损量不超过制造单位要求。

表 2-1-8 制动器铁芯（柱塞）维保操作过程

步骤	维保内容及操作过程示意图
第 1 步	观察各活动部位及电磁铁铁芯动作是否平滑无声；并确保制动线圈运行时表面温度不大于 60℃（用手能触摸感觉）
第 2 步	铁芯和筒套拆卸后清洁： 用干布蘸取清洁剂，擦除铁芯上的污垢和油漆。如有粗糙点，则用细砂纸打磨平滑。磁铁所有边角应倒圆；后用棉布将打磨出的尘屑清除掉。为保障铁芯动作平稳，打磨铁芯时应采用纵向方式
第 3 步	润滑：装配时，将石墨粉与工业用凡士林进行 1∶1 混合。将此混合剂均匀地涂于磁铁铁芯和铁芯筒套的表面，仅均匀涂一薄层即可，将多余部分清除并清洁

在实训基地进行实际操作时，按步骤进行操作，并根据日常维保项目单操作中需要使用到的工具完成学生工作手册中的"工具、材料申领单"；根据作业内容以及任务分工完成学生工作手册中的"作业计划及任务分工表"；根据实际操作步骤完成学生工作手册中的"维保作业过程记录表"和"维保记录单"。

任务评价

根据安全意识、制动器维保、职业规范和环境保护、制动器维保记录单四个方面的考核细则完成学生工作手册中的"制动器保养考核评价表"。

👥 思考与练习题

1. 如果制动器失效，其中一组不起作用，制动器应仍有足够的制动力，以确保在轿厢载有 125％ 额定载重量并以额定速度向下运行时，能够驱动主机停止运转。这个说法正确吗？

2. 当制动闸瓦与制动轮发生部分接触，或其接触间隙大于 0.7mm 时，在电梯正常运行时，会造成怎样的故障及问题呢？

3. 依据图 2-1-5 结构，在维修线圈与电磁铁芯时，为确保电磁铁芯在线圈中动作灵活，应加入哪种润滑材料？

任务二　曳引机及导向轮维护保养

➡️ 任务导入

电梯曳引机是电梯的动力部件，又称电梯驱动主机。曳引机作为电梯运转的动力源，承载轿厢将乘客及货物运送到所需的楼层。

通过本任务的学习，了解曳引机是电梯的核心动力驱动部件，熟悉其结构组成及特点；掌握在维修过程中进行曳引机及导向轮维护保养的操作流程，并且能够熟练运用相关仪器与工具；知晓在曳引机等零部件日常保养过程中，需要注意的相关安全事项与技术要求。

📖 学习目标

☞ 具有分工协作、团结合作的团队精神；
☞ 掌握曳引机的结构组成与工作原理；
☞ 熟悉曳引轮及减速箱等的保养内容与保养要求；
☞ 能正确进行曳引机及导向轮的保养；
☞ 能正确填写其维保记录单。

✈️ 相关知识

一、曳引机组成及工作原理

曳引机整体结构如图 2-2-1（a）、（b）所示。曳引机一般由电动机、制动器、联轴器和减速箱（如果有）、曳引轮、机架、导向轮、编码器及其附属盘车手轮等组成。导向轮一般装在机架或机架下的承重梁上。编码器通常安装在曳引机电机尾轴上，用于测定曳引轮转动角度，从而计算出电梯轿厢在井道中的位置。盘车手轮有的固定在电机轴上，也有的平时挂在附近的墙上，使用时再套在电机轴上。

曳引机工作原理：利用轿厢与对重装置的重力，将曳引钢丝绳压紧在曳引轮槽内产生摩擦力。当电动机转动带动曳引轮转动时，驱动钢丝绳拖动轿厢和对重做上升、下降相对运

(a) 有齿轮曳引机　　　　　　　　　　(b) 无齿轮曳引机

图 2-2-1　曳引机整体结构

动。于是，轿厢在井道中沿导轨上、下往复运行，使电梯轿厢执行载人或载物垂直运送任务。

　　根据曳引电动机与曳引轮之间是否有减速箱，曳引机可分为无齿轮曳引机和有齿轮曳引机两大类（如图 2-2-1 所示）。无齿轮曳引机由于没有减速箱这一中间环节，因此具有传动效率高、噪声小、传动平稳、节能、无污染的特点，多用于速度在 2.0m/s 以上的电梯上，且应用广泛。而有齿轮曳引机技术较成熟，其拖动装置的动力通过中间减速箱传递到曳引轮上，当采用三相交流电机及蜗轮副传动时，其驱动方式具有传动比大、结构紧凑及成本低廉的优势，但传动效率低。目前，有齿轮曳引机主要应用于速度不大于 2.0m/s 的载货电梯上。

1. 电动机

　　曳引机上电动机的设计、制造及特点与通用电动机有所区别，必须执行相关规范。曳引电动机应满足以下几方面的技术要求：

　　（1）具有短时工作，频繁启动、制动及正反向运转的特点。

　　（2）能适应一定的电源电压波动，有足够的启动转矩，能满足轿厢满载启动、加速迅速的特性。

　　（3）应具有启动电流较小的优势。

　　（4）具备较硬的机械特性，不会因电梯运行时负载的变化造成电梯运行速度的变化。

　　（5）有良好的调速性能，运转平稳、噪声小，工作可靠及维护简便。

　　（6）采用 B 级或 F 级绝缘时，电动机定子绕组温升应分别不超过 80K 或 105K。

2. 联轴器、减速箱及制动器

　　减速箱应用于电动机和曳引轮之间的封闭式独立传动装置，用来降低曳引电动机的输出转速，增加输出转矩。减速箱输入轴通过联轴器与电动机轴弹性或刚性连接，而制动器的制动轮就是电动机和减速器之间的联轴器圆盘，如图 2-2-2 所示。

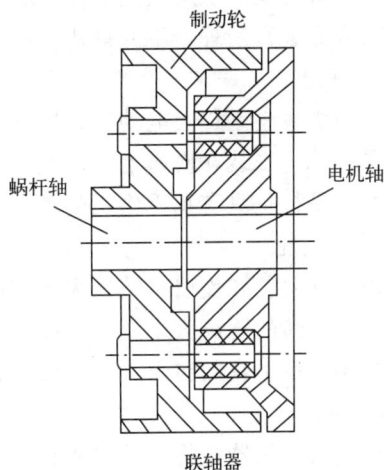

图 2-2-2　联轴器结构

制动轮装在蜗杆一侧，不能装在电动机一侧，以保证联轴器磨损或破裂时，电梯仍能被有效掣停。

常用的有蜗轮蜗杆减速箱和斜齿轮减速箱两种类型，图 2-2-1（a）所示为蜗轮蜗杆减速箱，其要求有如下几点：

（1）其箱体内油温不应超过 85℃；滚动轴承的温度不应超过 95℃；滑动轴承的温度不应超过 80℃。

（2）在箱体分割面、观察窗（孔）盖等处应紧密连接，不允许渗漏油。电梯在正常工作时，减速箱轴伸出端每小时渗油面积不应超过 25cm^2。

（3）电动机与底座连接应紧固，蜗杆轴与电动机轴连接后的不同轴度允许偏差为：刚性连接≤0.02mm；弹性连接≤0.1mm。

3. 曳引轮和钢丝绳

曳引轮是用于嵌挂曳引钢丝绳的部件，它通常用具有一定硬度的球墨铸铁金属制成。曳引轮通常固定在电动机或减速箱的输出轴上，钢丝绳的两端则分别通过端接装置与轿厢和对重装置相连。

钢丝绳采用 GB 8903—2024 中规定的要求。在电梯上一般选配 6×19S＋NF 和 8×19S＋NF 两种型号，绳内均采用天然纤维或人造纤维作绳芯。其规格常用 10mm、12mm、13mm 及 16mm 等。

钢丝绳运行状况的好坏直接关系着设备和乘客的安全，必须在维保时给予足够的重视，应仔细观察和慎重检查及处置好。

（1）按照 TSG T7001—2023《电梯监督检验和定期检验规则》检查断丝的根数、部位和捻距断丝情况。检查钢丝绳直径变细情况，除目测外定期用游标卡尺测量绳径和磨损情况。

（2）检查钢丝绳表面是否有严重锈蚀、发黑、斑点、麻坑以及外层钢丝松动的情况，如果有，必须立即更换。更换钢丝绳时，同组的各钢丝绳要一同更换。

（3）钢丝绳的润滑应参照 GB 8903—2024《电梯用钢丝绳》中的规定，曳引钢丝绳表面应清洁，不粘有杂质，并宜涂薄而均匀的 ET 极压稀释型钢丝绳脂，以防锈蚀。

（4）若发现钢丝绳表面有沙土、油污等污垢，应使用钢刷、棉纱、煤油（严禁用汽油）等对其表面进行清理，不允许用清洗剂一类的液体对钢丝绳进行清洗。

4. 底座

曳引机底座是连接电动机、制动器和减速箱的机座，由铸铁或型钢与钢板焊接而成。曳引机各部件均安装在底座上，以便于整体运输、安装与调试。安装时，底座被固定在特定型号的两个平行且具有承重作用的工字钢或槽钢钢梁上。

5. 导向轮

电梯导向轮和曳引轮结构大致相同，其作用是调整轿厢和对重之间的相对位置，防止轿厢和对重之间的距离太小产生碰撞。此外，通过调整导向轮与曳引轮的高度位置，可增加曳引钢丝绳对曳引轮的包角，以改善电梯的曳引能力。

6. 编码器

曳引机编码器是将旋转位移转换为一系列数字脉冲信号的旋转式传感器。其作用是通过每秒的转数脉冲记录，将机械运动转化为电信号反馈给控制柜，以确定电梯的运行速度和轿厢的具体位置。

　　编码器一般分为增量型与绝对型，其最大的区别在于：在增量电梯编码器的情况下，位置是由从零位标记开始计算的脉冲数量确定的，其缺点是无法输出轴转动的绝对位置信息；而绝对型电梯编码器的位置是由直接输出数字（输出代码）的读数确定，这种编码器的特点是不要计数器，在转轴的任意位置都可读出一个固定的与位置相对应的数字码。

　　现在电梯编码器的厂家生产的系列都很齐全，通常都是专用型。电梯生产厂家根据产品的要求，针对性采用增量式编码器或绝对式编码器。

　　由于编码器是一种高精度机电一体化装置，因此在维修过程中需要注意以下事项：

　　（1）操作前，应关闭电梯总电源。

　　（2）编码器在装配、使用过程中，一定要通过端子对编码器线进行插、拔操作。严禁直接拽、拉编码器线，以免线芯被拉断。

　　（3）禁止用手指接触编码器的针脚或电路板。

　　（4）在安装拆卸时，对编码器应轻拿轻放，防止操作时发生坠落或磕碰。

　　（5）应尽量避免编码器连接线的反复插拔，并注意做好防水、防油保证。

　　（6）严禁非专业操作人员操作。操作时操作者必须戴防静电手环（可用金属导线将手与设备金属外壳连接）。

二、标准链接

　　◆ GB/T 7588.1—2020《电梯制造与安装安全规范　第 1 部分：乘客电梯和载货电梯》中关于驱动主机和相关部件的规定，请扫描二维码；

　　◆ TSG T5002—2017《电梯维护保养规则》中关于曳引机等相关规定，请扫描二维码。

▶ 标准链接 ◀

⚙ 任务实施

（一）操作前的准备

本任务操作前，主要做好如下几项准备工作。

检查工具齐全及完好，穿戴好劳动防护用品（见表 2-2-1）；厅外放置安全护栏及警示标识。检查机房及周边环境，清除异物，确保其通道畅通；做好工具箱及工具准备工作（见表 2-2-2）。

1. 防护工具（表 2-2-1）

表 2-2-1　防护工具一览表

安全帽	防护手套	安全鞋

2. 维保工具（表2-2-2）

表2-2-2　维保工具一览表

刷子	三角钥匙	清洁布
螺钉旋具	安全护栏	门阻止器
锁具	锁扣与标识	声级计
万用表	油枪	钢尺
扳手	齿轮油	卷尺

（二）维保过程

（1）手动紧急操作装置（A1）的维保操作过程见表2-2-3。

保养标准：齐全，在指定位置。

微课扫一扫

▶手动紧急
操作装置◀

表 2-2-3　手动紧急操作装置的维保操作过程

步骤	维保内容及操作过程示意图	
第1步	检查机房内指定位置是否设置有手动紧急操作装置与标识，主要包括盘车手轮和手动释放制动器的操作部件。 **注意**：手动释放制动器的操作部件应涂成红色，盘车手轮外侧面应涂成黄色	
第2步	对松闸扳手和盘车手轮等手动紧急装置的表面进行清洁，做到无积尘和油污	
第3步	检查手动盘车在轿厢运行方向对应的标志，如果盘车手轮是不能拆卸的，则驱动主机上的标志可标在盘车手轮上	
第4步	对于可拆卸式的盘车手轮，检查其盘车手轮开关是否有效。最迟在盘车手轮装上时，检查驱动主机是否动作。盘车手轮开关动作后应立即切断电梯安全回路，确保电梯不能运行	

（2）驱动主机（A1）维保过程见表 2-2-4。
保养标准：运行时无异常振动和异常声响。

表 2-2-4　驱动主机维保过程

步骤	维保内容及操作过程示意图	
第1步	使用抹布和清洁剂，清除曳引电动机、制动器、曳引轮、底座、机架、导向轮等的表面污垢。 **注意**：不得采用易燃溶剂清污	

步骤	维保内容及操作过程示意图	
第2步	电梯在正常运行情况下，观察曳引机是否有异常振动和异常声响。曳引机以空载额定速度运行时的噪声值应符合下表要求： <table><tr><td rowspan="2">项目</td><td colspan="3">曳引机额定速率/（m/s）</td></tr><tr><td>≤2.5</td><td>>2.5~4</td><td>>4~8</td></tr><tr><td rowspan="2">空载噪声/dB（A）</td><td>无齿轮曳引机</td><td>62</td><td>65</td><td>68</td></tr><tr><td>有齿轮曳引机</td><td>70</td><td>80</td><td>—</td></tr></table>	曳引机无异常振动和声响 2 电梯在正常运行情况下观察曳引机是否有异常振动和异常声响
第3步	检查曳引机与承重梁连接螺栓等无松动或位移，应使其牢固可靠	3 检查曳引机与承重梁连接螺栓等是否有松动或位移，应使其牢固可靠

（3）编码器保养（A1）操作过程见表 2-2-5。

保养标准：清洁，安装牢固。

表 2-2-5 编码器保养操作过程

步骤	维保内容及操作过程示意图
第1步	断开主电源 1 断开主电源
第2步	松开编码器护罩螺钉，取下护罩，使用毛刷清理编码器周围的积尘 编码器 2 用毛刷清理编码器周围的积尘

微课扫一扫

▶编码器保养◀

续表

步骤	维保内容及操作过程示意图	
第3步	检查编码器的固定螺钉、联轴器、轴套螺钉等，确认编码器安装牢固无松动。如发现编码器有松动，需紧固编码器，应保证编码器与电机轴的同轴度，以及与电机轴运转时不能发生不同步或打滑现象	3 检查编码器联轴器安装牢固
第4步	检查编码器各连接线连接是否牢固、可靠。编码器电缆线表面应清洁、无扭曲、无破损或老化，屏蔽层接地良好	4 检查编码器各连接线连接是否牢固可靠

（4）紧急电动运行开关（A1）维保操作过程见表2-2-6。

保养标准：工作正常。

表 2-2-6 紧急电动运行开关的维保操作过程

步骤	维保内容及操作过程示意图	
第1步	检查对于人力操作提升装有额定载重量的轿厢所需力大于400N的电梯驱动主机，其机房内设置有紧急电动运行开关	
第2步	在机房内操作紧急电动运行开关时，需要持续揿压具有防止误操作保护功能的按钮来控制轿厢的运行；同时，运行方向应被清楚地标明	运行信号指示 启动按钮 运行旋钮
第3步	紧急电动运行开关操作后，除由该开关控制的运行外，应防止轿厢的其他所有运行。检修运行一旦实施，紧急电动运行功能应失效	

微课扫一扫

▶紧急电动运行◀

续表

步骤	维保内容及操作过程示意图
第4步	一个符合要求的紧急电动运行开关应使下列电气装置失效： ①安全钳电气安全装置； ②限速器电气安全装置； ③轿厢上行超速保护装置和电气安全装置； ④极限开关； ⑤缓冲器电气安全装置
第5步	开关及其操纵按钮应设置在使用时易于直接观察电梯驱动主机的地方，且轿厢移动速度不应大于0.3m/s
第6步	检查无机房电梯时，其控制柜内设有一个符合要求的开关，验证其工作正常的方法参见第1步至第5步，或按照柜内说明操作

（5）减速机润滑油维保过程见表2-2-7。

保养标准：油量适宜，除蜗杆伸出端外均无渗漏（A2）；按照制造单位要求适时更换，保证油质符合要求（A4）。

微课扫扫
▶减速机润滑油◀

表2-2-7 减速机润滑油维保过程

步骤	维保内容及操作过程示意图
第1步	观察减速箱及箱体表面是否有灰尘、油污，若有，则使用清洁抹布和清洁剂进行清污工作（不得采用易燃溶剂清污）
第2步	检查除蜗杆伸出端外是否渗漏超标，如有，应按照电梯制造单位维护保养说明书的要求更换同等规格型号的密封垫。 **注意**：电梯正常工作时，减速箱轴伸出端的漏油面积每小时不应超过 $25cm^2$

续表

步骤	维保内容及操作过程示意图	
第3步	停机10min后，观察减速机润滑油的油量是否适宜。减速机内油量要适宜，应保持在刻度线之内。（加油步骤：①用一字形螺钉旋具打开油箱盖；②注入一定量的齿轮油至油窗中位线。） 注意：其他齿轮减速器（如斜齿轮、行星齿轮等）的润滑按照制造单位维护保养说明书中的相关要求执行	

注：齿轮油务必按厂家规定型号加入。

（6）电动机与减速机联轴器螺栓（A3）维保过程见表2-2-8。

保养标准：无松动。

▶电动机与减速机联轴器螺栓◀

表 2-2-8 电动机与减速机联轴器螺栓维保过程

步骤	维保内容及操作过程示意图	
第1步	在断开主电源的情况下，使用棉纱或百洁布等清洁电动机与减速机联轴器，应表面整洁，无积尘、油污、杂质等（永磁同步无齿轮曳引机，不适用）	
第2步	使用扳手检查电动机与减速机联轴器的螺栓，应紧固无松动。检查弹性联轴器的胶套、胶圈，如有磨损、老化，应立即更换	

（7）曳引轮、导向轮轴承部（A3）维保过程见表2-2-9。

保养标准：无异常声响，无振动，润滑良好。

▶曳引轮、导向轮轴承部◀

表 2-2-9　曳引轮、导向轮轴承部维保过程

步骤	维保内容及操作过程示意图	
第1步	根据维保要求，清洁并检查曳引轮/导向轮转动时无异常声响，无异常振动。如轴承发生磨损、烧蚀、密封损坏、变形、有异响，应根据制造单位维护保养的要求，更换损坏部件	
第2步	目测检查曳引轮/导向轮转动时无晃动或跳动；检查各连接螺栓等零件无松动或缺失	
第3步	导向轮按照保养要求每半年加注一次润滑脂。清洁或润滑曳引轮和导向轮轴承时，必须确保切断并锁闭电源	

（8）曳引轮槽维保过程见表 2-2-10。

保养标准：清洁，钢丝绳无严重油腻（A2）；磨损量不超过制造单位的要求（A3）。

微课扫一扫
▶ 曳引轮槽 ◀

表 2-2-10　曳引轮槽维保过程

步骤	维保内容及操作过程示意图	
第1步	断开电梯主电源	
第2步	检查曳引轮槽工作表面是否平滑、轮缘处是否有红粉及油腻。检查钢丝绳卧入曳引轮槽内的深度是否一致以衡量每根钢丝绳的受力是否均匀。将直尺沿轴向紧贴曳引轮外圆面，测量槽内各钢丝绳顶点至直尺距离，当其差距达到 1.5mm 时，应就地重新车削或更换曳引轮	
第3步	用绳槽专用检测尺对绳槽磨损量进行测量。当绳槽磨损至钢丝绳与槽底的凹切量缩减至 1.5mm（或厂家规定数值）时，轮槽需重新车削或更换曳引轮。绳槽在切口下面轮缘厚度应大于其钢丝绳直径	

续表

步骤	维保内容及操作过程示意图	
第4步	在曳引轮及钢绳的同一位置做标记，全程运行三次后，检查槽内钢绳是否有打滑现象。钢绳在绳槽内滑移量应不超过制造单位维保要求	
第5步	清洁曳引轮缘、钢丝绳油腻及异物	

在实训基地进行实际操作时，按步骤进行操作，并根据日常维保项目单操作中需要使用到的工具完成学生工作手册中的"工具、材料申领单"；根据作业内容以及任务分工完成学生工作手册中的"作业计划及任务分工表"；根据实际操作步骤完成学生工作手册中的"维保作业过程记录表"和"维保记录单"。

任务评价

根据安全意识、曳引轮槽与钢丝绳维保、职业规范和环境保护、曳引轮槽与钢丝绳维保记录单四个方面的考核细则完成学生工作手册中的"曳引轮槽与钢丝绳保养考核评价表"。

思考与练习题

1. 无齿轮曳引机和有齿轮曳引机各有哪些特点及优势？
2. 曳引机减速箱内油温与轴承的温度不应超过多少？
3. 曳引钢丝绳的润滑应符合什么标准？有哪些规定？

任务三 限速器维护保养及与安全钳联动检测

任务导入

为了确保乘用人员和电梯设备的安全，限速器和安全钳是防止轿厢意外坠落及超速运行时的关键设备。限速器能够反映轿厢的实际运行速度，当速度达到极限速度值（超过额定速度115%）时能够发出电气信号并产生机械动作，切断控制电路或迫使安全钳动作。安全钳的作用是当轿厢超速向下运行或出现突发情况时，能接受限速器操纵，以机械动作将轿厢强行制停在导轨上。

通过本任务的学习，了解限速器与安全钳的联动是电梯轿厢安全运行的重要保障；熟悉限速器结构组成及特点；掌握在维修过程中进行限速器等维护保养的操作流程，并且能够熟练运用相关仪器与工具；知晓在限速器等零部件的日常保养过程中，需要注意的相关安全事项与技术要求。

> 📖 **学习目标**
>
> ☞ 具备分工协作、勇于克服困难的精神；
> ☞ 熟悉限速器的结构特点、作用及要求；
> ☞ 掌握限速器与安全钳的联动机理及其检测方法；
> ☞ 能正确地实施限速器等日常维护保养的安全操作流程；
> ☞ 能正确填写其维保记录单。

✈ 相关知识

一、限速器动作原理及结构组成

限速器按照其动作原理，可分为摆杆凸轮式和离心甩块式两大类别。摆杆凸轮式限速器又可以分为下摆杆凸轮式限速器和上摆杆凸轮式限速器，其外观如图 2-3-1 所示。其原理是利用绳轮上的凸轮在旋转过程中与摆锤一端的滚轮接触，摆锤摆动的幅度与绳轮的转速有关。当摆锤摆动的幅度超过一定值时，摆锤的棘爪进入绳轮的棘轮内，从而使限速器绳轮停止旋转。

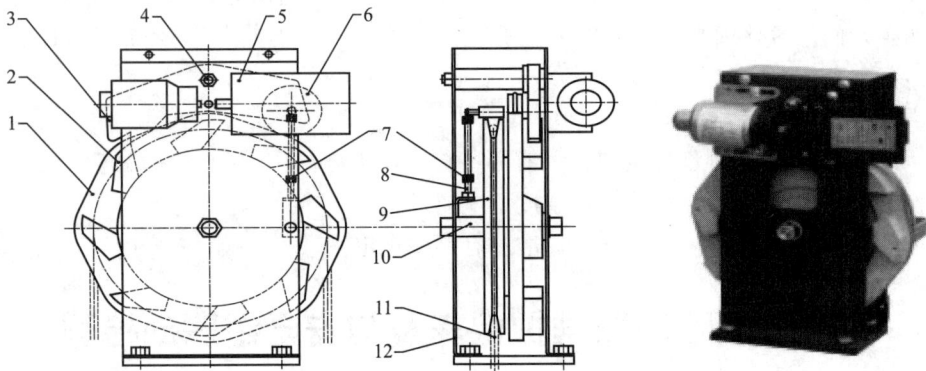

图 2-3-1　上摆杆凸轮棘爪式限速器

1—凸轮；2—棘爪；3—摆杆；4—摆杆转轴；5—超速电气开关；6—限速胶轮；
7—调速弹簧；8—拉簧调节螺杆；9—限速器绳轮；10—转轴；11—限速器绳；12—机架

离心甩块式限速器可分为弹性夹持式限速器和刚性夹持式限速器，详见图 2-3-2 （a）、
（b）。刚性夹持式限速器适用于速度不大于 1m/s 的电梯，常用在低速乘客电梯与载货电梯上。弹性夹持式限速器动作可靠，一般配用渐进式安全钳，适用于额定速度在 1.5m/s 以上的电梯，也是目前电梯中常采用的一种限速器。

限速器通常由限速器主体、限速器绳及其张紧装置三大部分组成。根据总体结构的不同，张紧装置可分为悬挂式和悬臂式两种。在图 2-3-3 中描述的是悬臂式张紧装置。其中，主体限速器是由绳轮、制动轮、制动块、调节弹簧、甩块及限速器开关等组成。张紧装置是由支架、张紧轮、配重、开关打板及断绳开关等组成。

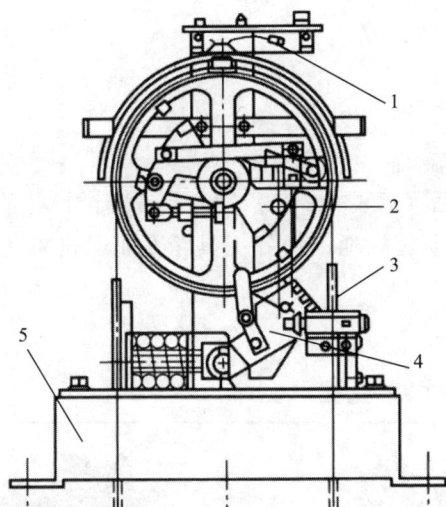

(a) 弹性夹持式限速器　　　　　　　　(b) 刚性夹持式限速器

1—超速开关；2—锤罩；3—限速器绳；4—夹绳钳；5—底座

图 2-3-2　离心甩块式限速器

限速器是电梯速度的监控元件，应定期进行动作速度校验，对可调部件调整后应加封记，确保其动作速度在安全规范规定的范围内。

二、限速器与安全钳联动机理

当电梯轿厢的运行速度超过允许值时，限速器产生机械动作，安全钳楔块受限速器操纵，将轿厢强行制停在导轨上。安全钳安装在轿厢下边靠近导轨的两侧工作面。具体参见限速器与安全钳联动结构（图 2-3-3）。

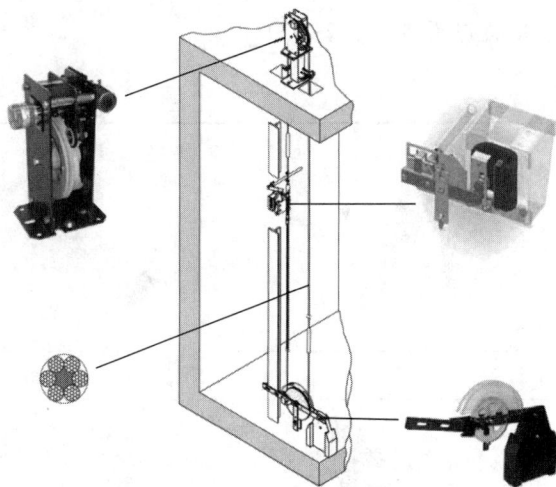

图 2-3-3　限速器与安全钳联动结构

三、标准链接

◆ GB/T 7588.1—2020《电梯制造与安装安全规范　第 1 部分：乘客电梯和载货电梯》中关于限速器等相关规定，请扫描二维码；

◆ GB/T 10060—2023《电梯安装验收规范》中关于限速器安装验收的相关规定，请扫描二维码；

◆ GB/T 10058—2023《电梯技术条件》中关于限速器-安全钳联动等相关规定，请扫描二维码；

◆ TSG T5002—2017《电梯维护保养规则》中关于限速器的相关规定，请扫描二维码。

⚙ **任务实施**

（一）操作前的准备

本任务操作前，主要做好如下几项准备工作。

检查工具齐全及完好，穿戴好劳动防护用品（见表 2-3-1）；厅外放置安全护栏及警示标识。检查机房及周边环境，清除异物，确保其通道畅通；做好工具箱及工具准备工作（见表 2-3-2）。

1. 防护工具（表 2-3-1）

表 2-3-1   防护工具一览表

 安全帽	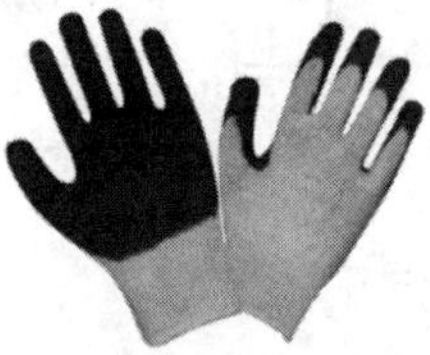 防护手套	 安全鞋

2. 维保工具（表 2-3-2）

表 2-3-2   维保工具一览表

 刷子	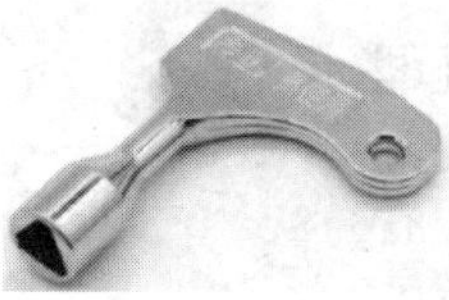 三角钥匙	 清洁布
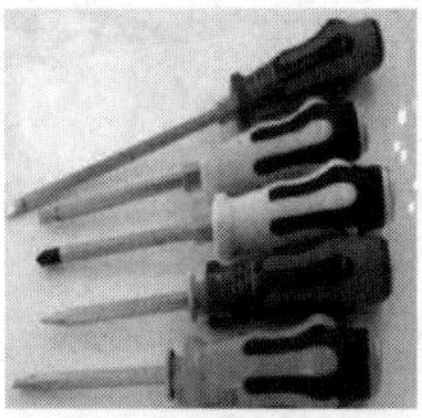 螺钉旋具	 安全护栏	 门阻止器
 限速器测试仪	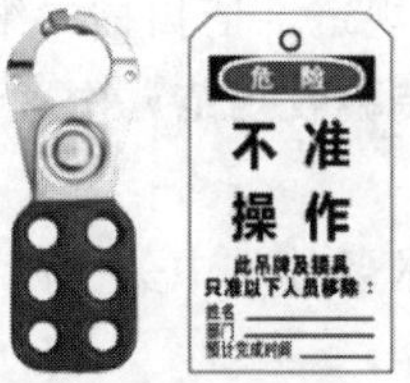 锁扣与标识	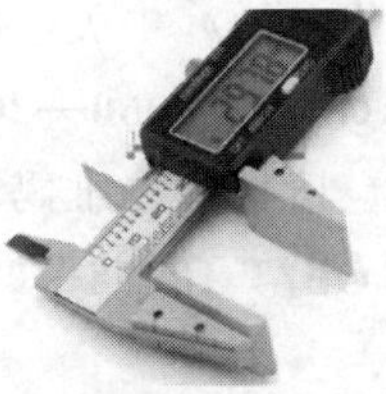 宽度游标卡尺

续表

万用表	油枪	钢尺
扳手	工具箱	卷尺

（二）维保过程

（1）限速器各销轴部位（A1）维保过程见表2-3-3。

保养标准：润滑，转动灵活；电气开关正常。

微课扫扫

▶限速器
各销轴部位◀

表2-3-3　限速器各销轴部位维保过程

步骤	维保内容及操作过程示意图	
第1步	取下限速器护罩 **注意**：取下护罩前需先进行断电锁闭操作	
第2步	用一字形螺钉旋具和清洁布清洁主体限速器轮槽中积存的润滑脂、油污和脏物	
第3步	检查滚轮、凸轮、轴、开关臂和其他运转零件是否磨损或变形，必要时可更换零件。限速器旋转部分每月注油一次，每年清洁并换油一次（使用生产厂家规定的润滑脂）	

步骤	维保内容及操作过程示意图	
第4步	检查电气开关是否有效。确定电线（接地线）未磨破或磨损，并且所有电线接头都应牢固	
第5步	确定安装安全测试标志及限速器铅封。检查所有螺栓等零件在限速器各个位置都应牢固	
第6步	重新盖上护罩，解除锁闭	

（2）限速器张紧轮装置和电气安全装置（A2）维保过程见表2-3-4。

保养标准：工作正常。

▶限速器张紧轮装置和电气安全装置◀

表2-3-4　限速器张紧轮装置和电气安全装置维保过程

步骤	维保内容及操作过程示意图	
第1步	使用毛刷清理张紧轮装置表面及周围的积尘；用棉纱清洁张紧轮表面、张紧轮槽内、电气开关及周围油污	
第2步	检查张紧轮装置位置，应符合制造单位维保说明书要求，如不符合，则需要调整： ① 如重坨离地应有一定距离，可调节固定支架。将固定支架向下调整至重坨下边缘至少处于水平位置。 ② 如重坨离地已无调节空间，需收短限速器绳。一个人在底坑抬高重坨到合适位置，另一个人在轿顶收紧其钢绳	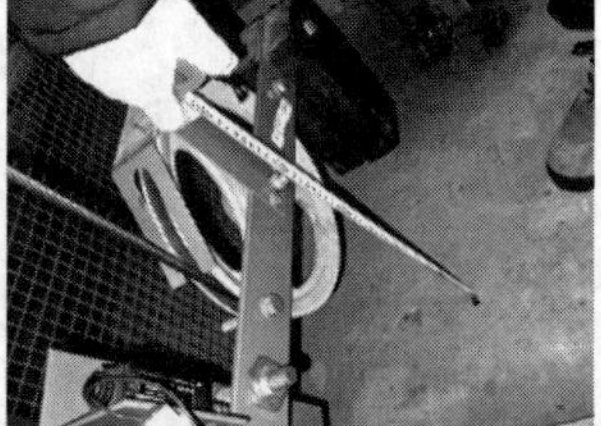

步骤	维保内容及操作过程示意图	
第3步	检查张紧轮打板与电气开关位置。如打板与电气开关之间距离不符合生产厂家规定，则需要调整	
第4步	检查电气开关应可靠固定，外观无破损，接线可靠。测试张紧轮电气开关，该开关动作时，安全回路断开，电梯应无法正常运行	
第5步	检查张紧轮的底座螺栓，应固定可靠，无松动	
第6步	检查张紧轮装置的导向装置应动作灵活，无运动阻碍，运转时应无异常响声	

（3）限速器钢丝绳（A3）和限速器轮槽、限速器钢丝绳（A2）维保过程见表 2-3-5。

保养标准：磨损量、断丝数不超过制造单位要求；清洁，无严重油腻。

微课扫一扫
▶限速器钢丝绳◀

表 2-3-5　限速器钢丝绳、轮槽维保过程

步骤	维保内容及操作过程示意图	
第1步	检修移动轿厢，在机房或轿顶检查其钢丝绳状况	
第2步	用光滑的布条包住钢丝绳向下滑移，一边清洁钢丝绳，一边检查其磨损量和断丝数 （a）局部压扁　（b）笼状畸变　（c）严重扭结，绳芯突出　（d）严重弯折	
第3步	出现下列情况之一时，其钢丝绳应当报废： ① 出现笼状畸变、绳股挤出、扭结、部分压扁、弯折； ② 一个捻距内出现的断丝数大于下表列出的数值时。	① 用钢丝绳探伤仪或者放大镜全长检测或者分段抽测；测量并判断钢丝绳直径变化情况。测量时，以相距至少 1m 的两点进行，在每点相互垂直方向上测量两次。四次测量值的平均值，即为钢丝绳的实测直径。 ② 采用其他类型悬挂装置的，按照制造单位提供的方法进行检验

第3步表格：

断丝的形式	钢丝绳类型		
	6×19	8×19	9×19
均布在外层绳股上	24	30	31
集中在一根或者两根外层绳股上	8	10	11
一根外层绳股上相邻断丝	4	4	4
股谷（缝）断丝	1	1	1

注：上述断丝数的参考长度为一个捻距，约为 $6d$（d 表示钢丝绳公称直径，单位 mm）

（4）限速器与安全钳联动试验和限速器动作速度校验（A4）过程见表2-3-6。

保养标准：工作正常。

对于使用年限不超过15年的限速器，每2年进行一次限速器动作速度校验；对于使用年限超过15年的限速器，每年进行一次限速器动作速度校验。

微课扫一扫
▶限速器安全钳
联动试验◀

表 2-3-6   限速器与安全钳联动试验和限速器动作速度校验过程

步骤	维保内容及操作过程示意图	
	限速器与安全钳联动试验（定期检验）	
第1步	将电梯轿厢置于空载及无人状况，使电梯运行至中间楼层，准备进行限速器与安全钳联动试验	
第2步	将控制柜上检修开关置于检修挡位，短接限速器和安全钳电气联动开关	
第3步	一人操作轿厢以检修速度下行，另一人用十字形螺钉旋具拨动拨杆来触发限速器机械动作	
第4步	当曳引钢丝绳在曳引轮上打滑时，立即松开检修下行按钮。此时，安全钳已动作，轿厢应可靠制停	钢丝绳打滑观察点 安全钳已动作
第5步	操作轿厢以检修速度上行，提拉轿厢向上脱离安全钳楔块。将限速器恢复正常	检修上行复位安全钳

步骤	维保内容及操作过程示意图	
第5步	操作轿厢以检修速度上行，提拉轿厢向上脱离安全钳楔块。将限速器恢复正常	 恢复限速器
第6步	试验后，使电梯恢复正常运行，并检查轿厢地板的倾斜度；检查安全钳在导轨上的制动痕迹是否一致	GB/T 10060 标准规定：在轿厢空载或载荷均布的情况下，测量安全钳动作后，轿厢地板的倾斜度，应不大于其正常位置的 5%
限速器动作速度校验（电梯现场）		
第1步	将电梯置于检修状态，检修门开至轿厢脱离层门区域。同时，进入底坑将张紧装置向上提起 150～200mm，使限速器钢丝绳松弛	
第2步	利用大力钳在限速器钢丝绳上行方向入口处夹紧钢丝绳，在曳引钢丝绳上做好标记	
第3步	电梯点动上行，待该标记向上移动至 150～200mm 处时电梯停止，利用尖嘴钳等工具把钢丝绳提起，确定该空间能架设限速器测试仪电机的驱动轮，如空间不够则电梯再向上点动运行一定距离	

续表

步骤	维保内容及操作过程示意图	
第4步	切断电梯电源，连接限速器测试仪的电源、驱动轮、传感器等，将小磁铁放在限速器轮盘上合适的位置，限速器电气开关连到传感器上，确保限速器测试仪能感应到位	
第5步	打开限速器测试仪开关，设定预先确定的参数（包括轮盘节圆直径、轮号、初速度）并按下限速器测试仪上的复位键	
第6步	将限速器测试仪电机驱动轮架设在轮盘上，并设定驱动轮的上下行方向，先使轮盘下行，按下限速器测试仪上的启动按键，轮盘在驱动轮带动下朝向下运行方向转动，再按下测试按键，速度匀加速增加，按下测试按键一直到电气开关动作及机械开关动作为止。此时，限速器测试仪自动打印两项速度数值结果	
第7步	限速器恢复：限速器校验合格后，应由有资质的维修人员对限速器及相关电气开关进行恢复。在检查无误后，应由上至下和由下至上分别以检修速度和额定速度单层和多层试运行；无异常后，再以额定速度全程试运行数次；确定无异常声响和现象后，方可恢复电梯正常使用	恢复限速器
第8步	如果是双向的限速器，则按同样方法测定上行的电气开关动作和机械开关动作速度数值	

在实训基地进行实际操作时，按步骤进行操作，并根据日常维保项目单操作中需要使用到的工具完成学生工作手册中的"工具、材料申领单"；根据作业内容以及任务分工完成学生工作手册中的"作业计划及任务分工表"；根据实际操作步骤完成学生工作手册中的"维保作业过程记录表"和"维保记录单"。

任务评价

根据安全意识、限速器与安全钳联动试验、职业规范和环境保护、限速器与安全钳联动试验记录单四个方面的考核细则完成学生工作手册中的"限速器与安全钳联动试验考核评价表"。

思考与练习题

1. 对限速器与安全钳联动试验的检验规则有何具体规定？
2. 对限速器张紧装置打板与电气开关触点的距离有何要求？
3. 在现场进行限速器动作速度校验过程中，轮盘在驱动轮的带动下朝向下运行的方向转动，并按下测试按键一直到电气开关动作，以及机械开关动作。为何结果是两个开关动作速度数值相同？其症结在哪？

任务四　控制柜维护保养及电源照明检修

➡️ 任务导入

控制柜（屏）是用于控制电梯安全运行的装置，具备实现电动机运行控制、曳引机制动器控制、门机运行控制及安全装置控制等功能。它是将各种电器装置和电子元器件安装在一个有安全防护作用的柜型结构内的电控设备，一般放置在机房空间内。此外，在电梯维修保养时，需要对电源控制箱中轿厢和井道照明进行相关检修操作。

通过本任务的学习，了解控制柜对于电梯正常运行的重要性；熟悉控制柜组成及维保要点；掌握在维修过程中对控制柜等设备检修的操作流程，并能够熟练运用相关仪器与工具；知晓在控制柜等零部件的日常维保过程中，需要注意的相关安全事项与技术要求。

📖 学习目标

☞ 具备严谨细致规范的工作态度；
☞ 熟悉控制柜内各电子元器件的布局、作用及要点；
☞ 掌握控制柜内各电子元器件及电源控制箱中相关照明电源的检测方法；
☞ 能正确地实施控制柜等日常保养操作流程；
☞ 能正确填写控制柜维保记录单。

✈️ 相关知识

一、控制柜元器件及相关装置组成

电梯控制柜通常安装在曳引机旁边（或层门侧），它是电梯的电器装置和信号控制中心。控制柜整体结构如图 2-4-1（a）、（b）所示。柜体内部由主控制器、变频器、继电器（有安全继电器、门锁继电器、相序继电器）、接触器（有制动接触器、运行接触器）、供电变压器、电容、整流器、制动电阻、接线端子、插件卡口、冷却风扇等组成；外部配有急停按钮、检修开关、检修按钮及通话装置等。

控制柜的电源由机房的总电源开关引入，电梯控制信号线由电线管或线槽引出，进入井道再由扁形或圆形随行电缆传输。由控制柜接触器引出的驱动电力线，用线管送至曳引机的电动机接线端子。

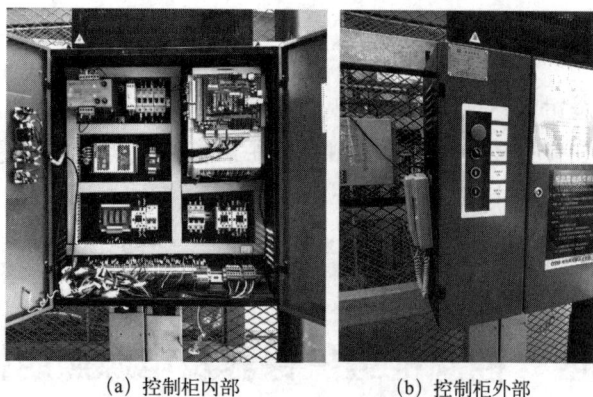

(a) 控制柜内部　　　　　　　(b) 控制柜外部

图 2-4-1　控制柜整体结构

二、控制柜工作原理

控制柜内的各电子元器件分属于不同的电路，主要包括：以变压器、断路器为主的电源电路；以变频器为主的变频驱动电路；以安全继电器和门锁继电器的线圈为负载的安全及门锁电路；以主控制器及其输入、输出装置为主的主控制电路；以制动接触器、门锁继电器、运行接触器为主的制动电路；等等。其中，各部分电路的元器件、设备等除分布在控制柜内外，在机房、井道、底坑、层站等位置也均有布局。

控制柜内的各电路主要用于完成控制电动机的启动与制动、运行速度、上下方向；曳引机制动器用于控制制动电磁线圈的通、断电。主控制器和门机控制器配合可控制轿厢开关门动作。以上电路相互联系、相互协调，共同完成电梯的运行控制。

三、电源控制箱（含照明控制）

电梯机房内设有一电源控制箱，通常由三个断路器构成（具体见图 1-1-1），主电源开关负责送电给控制柜，轿厢照明开关和井道照明开关分别控制轿厢照明、井道照明。检修时电源控制箱体可上锁，防止意外送（来）电。

对于未在井道内的机器空间（机房及滑轮间），应在其入口处设置照明开关。该开关应装在易于接近的位置，距离检查或维保人员的机房门入口处不超过 1m，通常距离地面高度为 1.2～1.5m。并且该开关应装设过流保护装置。

四、控制柜保养要点

（1）保险丝：检查主回路及工作回路的保险丝，应为正确的型号并连接可靠。

（2）接线：检查所有的接线，应牢固可靠。

（3）接插件：牢固无松动。

（4）制动电阻：检查接线和电阻值，接头处应配有耐热套管；修复或更换损坏的电阻。

（5）接触器触点：清理脏污并调整弹簧的弹性；修复或更换已经损坏的接点，但不要修复封闭继电器触点，需整体更换继电器。

（6）PC 板：定期进行检查、清洁（用吸尘器，防止直接接触）。

（7）控制柜风扇：定期清理或更换防尘网。

五、标准链接

◆ **GB/T 7588.1—2020《电梯制造与安装安全规范　第 1 部分：乘客电梯和载货电梯》**中关于电源照明和控制柜等相关规定，请扫描二维码；

◆ **GB/T 10058—2023《电梯技术条件》**中关于控制柜相关技术要求规定，请扫描二维码；

◆ **TSG T5002—2017《电梯维护保养规则》**中关于控制柜及照明电源相关维保规定，请扫描二维码。

► 标准链接 ◄

⚙ 任务实施

（一）操作前的准备

本任务操作前，主要做好如下几项准备工作。

检查工具齐全与完好，穿戴好劳动防护用品（见表 2-4-1）；基站层门外放置安全护栏及警示标识。检查机房及周边环境，清除异物，确保其通道畅通；做好工具箱及工具准备工作（见表 2-4-2）。

1. 防护工具（表 2-4-1）

表 2-4-1　防护工具一览表

安全帽	防护手套	安全鞋

2. 维保工具（表 2-4-2）

表 2-4-2　维保工具一览表

刷子	三角钥匙	清洁布

续表

螺钉旋具	安全护栏	门阻止器
锁具	锁扣与标识	吸尘器
万用表	兆欧表	照度计
扳手	工具箱	卷尺

(二) 维保过程

（1）井道与轿厢照明、风扇、应急照明（A1）维保过程见表 2-4-3。
保养标准：设施齐全，工作正常。

▶轿厢照明、风扇、应急照明+井道照明◀

表 2-4-3 井道与轿厢照明、风扇、应急照明维保过程

步骤	维保内容及操作过程示意图	
第1步	用钥匙打开机房门，开启机房照明，其照度≥200lx；检查机房是否整洁，无杂物	

续表

步骤	维保内容及操作过程示意图	
第2步	确认操作机房内主开关中轿厢与井道照明开关齐全、动作可靠；并清洁（清洁前应进行断电操作）	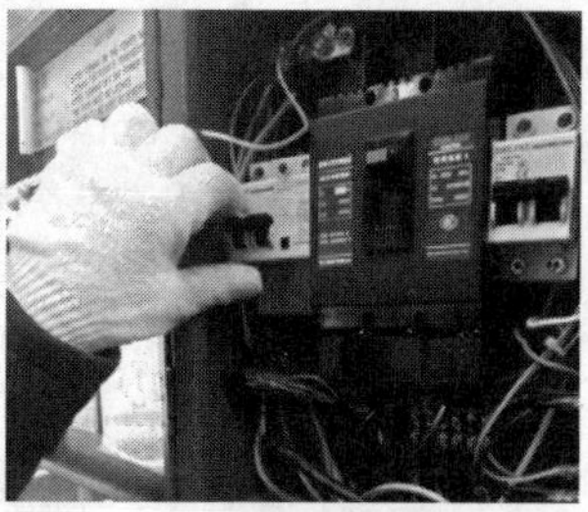
第3步	进入轿厢，检查轿厢照明是否正常、可靠，其照度应≥100lx；风扇是否有异响，风量是否正常	
第4步	关闭机房中轿厢照明开关，检查应急照明是否启动，其照度应≥5lx（保持时间不少于1小时）	
第5步	进入轿厢顶，检查其照明开关是否正常、可靠，其照度≥50lx	

（2）控制柜内各接线端子、各仪表（A3）维保过程见表2-4-4。

保养标准：各接线紧固、整齐，线号齐全清晰；各仪表显示正常。

微课扫一扫

▶控制柜内各接线端子和仪表

表2-4-4　控制柜内各接线端子、各仪表维保过程

步骤	维保内容及操作过程示意图	
第1步	检查柜体固定牢固，无破损；表面无杂物，清洁；标识完好；且盖板转动灵活，无松动	

步骤	维保内容及操作过程示意图	
第 2 步	检查与清洁控制柜内部时，先断电锁闭。用吸尘器及防静电刷子清洁各接线端子、仪表及 PC 板等元件 **注意：** 吸尘器勿触碰 PC 板	
第 3 步	检查各接线端子、仪表接线紧固、整齐，线号齐全、清晰。各元器件无裸线外露、松动	
第 4 步	检查各保险丝无破损，且固定可靠	
第 5 步	检查各接地线牢固、无断线	
第 6 步	检查制动电阻表面干净、无变色；且接线柱牢固、无松动	
第 7 步	内部风扇工作正常，运转无噪声。损坏时，应及时更换	

续表

步骤	维保内容及操作过程示意图
第8步	上电操作 PC 板等计数器显示正确、清晰

（3）控制柜接触器和继电器触点及导电回路绝缘性能测试（A4）见表 2-4-5。

保养标准：触点接触良好；绝缘性能符合标准。

微课扫一扫

► 控制柜接触器、继电器触点+导电回路绝缘性能测试 ◄

表 2-4-5　接触器和继电器触点及导电回路绝缘性能测试

步骤	维保内容及操作过程示意图
接触器、继电器触点	
第1步	检查各触点吸合时无异响
第2步	查看其外壳有无变形及破损
第3步	打开外壳，查看其触点磨损程度。用万用表测量其导通电阻≤5Ω，若超过应更换
第4步	检查接触器、继电器螺钉是否松动，如有松动应紧固。查看其导线有无破损、裸线外露或松动的情况，若有应更换导线
导电回路绝缘性能测试	
第1步	将电梯控制好后，断开主电源，上锁挂牌
第2步	将控制柜所有开关及保险管断开
第3步	戴上防静电手腕带，将被测回路的所有电子板的连接插头拔掉，目的是防止测试时兆欧表发出的高电压将电子板上的电子元件烧坏
第4步	测量相与地之间绝缘电阻值、相与相之间绝缘电阻值
第5步	测试完成，接回电子板的连接插头，恢复开关及保险管，运行电梯检验是否正常

对于额定电压在 500V 以下的电气设备，应选用电压等级为 500V 的兆欧表；对于额定电压在 500V 以上的电气设备，应选用 1000V 的兆欧表。兆欧表必须经过计量检定合格

在实训基地进行实际操作时，按步骤进行操作，并根据日常维保项目单操作中需要使用

到的工具完成学生工作手册中的"工具、材料申领单";根据作业内容以及任务分工完成学生工作手册中的"作业计划及任务分工表";根据实际操作步骤完成学生工作手册中的"维保作业过程记录表"和"维保记录单"。

任务评价

根据安全意识、接触器和继电器触点、职业规范和环境保护、导电回路绝缘性能测试记录单四个方面的考核细则完成学生工作手册中的"接触器和继电器触点及导电回路绝缘性能测试考核评价表"。

思考与练习题

1. 简述轿厢与井道照明的相关要求及照度值。
2. 描述采用数字式兆欧表检测导电回路绝缘性能的方法。
3. 控制柜在日常保养过程中,有哪些检查要点?

任务五　上行超速和轿厢意外移动保护装置维护保养

任务导入

为确保乘客和电梯的安全运行,设计上行超速保护装置以防止轿厢上行超速冲顶,以及避免对重撞底。轿厢意外移动保护装置针对电梯现场的偶发性安全事件(事故)而提出,并且已经得到了实施。

通过本任务的学习,了解上行超速和意外移动保护装置对于保障电梯轿厢稳定运行及乘客安全的重要性;熟悉其结构组成及特点;掌握在维修过程中,维保上行超速保护装置等的操作流程,并且能够熟练运用相关仪器与工具;知晓在上行超速保护装置等零部件的日常保养过程中,需要注意的相关安全事项与技术要求。

学习目标

☞ 具备团队合作、团结互助的精神;
☞ 熟悉上行超速和轿厢意外移动保护装置的结构特点、作用及要求;
☞ 掌握上行超速和轿厢意外移动保护装置的检测方法;
☞ 能正确地实施上行超速和轿厢意外移动保护装置的日常保养操作流程;
☞ 能正确填写其维保记录单。

相关知识

一、上行超速保护装置工作原理

上行超速保护装置由速度监控元件和执行机构两个部分组成。在电梯上行超速时,速度监控元件检测到轿厢超速信号,并以机械或者电气方式触发执行机构动作,将电梯制停或至少减速至对重缓冲器设计的范围内。

二、上行超速保护装置结构组成

依据上行超速保护装置的工作原理，目前，电梯生产厂商配套了 4 种不同类型的结构。

1. 限速器与安全钳组合型式

限速器与安全钳组合型式，根据其安装位置的不同，可分为安装在轿厢上，通过夹持主导轨工作的双向安全钳，以及安装在对重上，通过夹持副导轨工作的单向安全钳。

双向安全钳（见图 2-5-1），它受到轿架结构的限制和制约，安装调整较麻烦，对导轨磨损较大，但安全性能可靠性较其他型式要高。在对重上装设限速器-安全钳系统，首先会使整个电梯系统的结构复杂化，并使井道内的布置更为困难，另外在释放安全钳时还需要先辨明是哪一个发生了动作。在对重侧加装安全钳必须配设实心导轨。

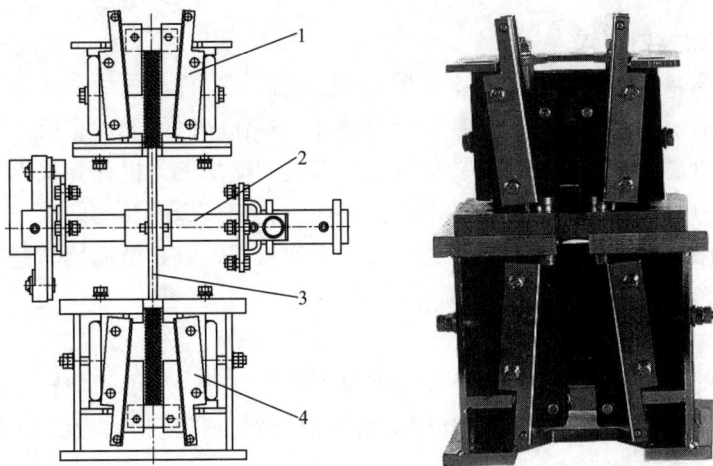

图 2-5-1　双向安全钳

1—上行安全钳；2—安全钳操纵机构；3—楔块连接杆；4—下行安全钳

2. 限速器与夹绳器型式

限速器与夹绳器型式，将执行机构安装在悬挂钢丝绳上，通过夹持钢丝绳工作。其触发方式可分为机械式和电磁式两种。

机械式：在轿厢上行速度失控达到双向限速器的机械动作速度后，限速器甩块因离心力作用向外甩开，此时棘爪在弹簧的作用下动作，进而卡住棘轮。而固定在棘轮上，或者通过棘轮施力的与闸线固定在一起的绳栓便会拉动闸线，使闸线另一头夹绳器触发机构的挡块动作，从而触发夹绳器动作，夹紧钢丝绳并使轿厢减速。用机械触发的限速器与夹绳器型式的现场安装尺寸对其工作的可靠性影响很大，由于闸线部件与限速器连接，若安装和调整不当，限速器的触发力会明显损耗，并且闸线部件中的钢丝绳伸出长度也会明显变短，可能出现限速器无法触发夹绳器的现象，在现场检测中经常遇到这方面的问题。

电磁式：详见图 2-5-2。当限速器超速发出电信号后，电磁铁触发夹绳器，采用压缩弹簧施力，通过楔形铁及滚轮使弹簧力放大，两制动板同时向中心移动夹紧钢丝绳，使超速上行的轿厢得到可靠的制停，其结构紧凑合理，安装角度可在 0°～40°范围内调整。

图 2-5-2　电磁式夹绳器

3. 限速器与制绳器型式

限速器与制绳器型式，主要是在限速器上行速度监控部件动作后，通过与制绳器相连的一段钢丝绳，牵动轿厢上行超速保护装置（制绳器）动作。制绳器动作后，释放蓄力的弹簧瞬时带动绳槽的钳块，作用在超速旋转的曳引轮对应的绳槽上，以此弹簧力矩克服轿厢上行超速产生的转动力矩，进而由两绳槽的上下挤压，制止钢丝绳的移动。

显然，它和限速器与夹绳器型式的工作原理大致相同，但是限速器与制绳器型式的安装较限速器与夹绳器型式的安装复杂。

4. 制动器型式

制动器型式的上行超速保护装置，安装在曳引轮上或靠近曳引轮的轴上，通过夹持曳引轮或靠近曳引轮轴来工作。该型式的上行超速保护装置执行机构，就是常用的机电式制动器，如无齿轮曳引机的制动器。

制动器型式是装在曳引机上的辅助制动器，可称为一种上行超速保护装置。它受到曳引机结构的影响，通用性很低，基本上不能作为一种标准部件。这种制动器必须有两个独立的制动装置，以确保在其中一套制动器失效时，另一套制动器能够至少将其减速至额定速度的 115%以下；且减速度不得大于 $1.0g_n$❶。

三、轿厢意外移动保护装置定义及组成

轿厢意外移动保护装置定义：在层门未被锁住且轿门未关闭的情况下，当由轿厢安全运行所依赖的驱动主机或驱动控制系统的任何单一元件失效而引起轿厢离开层站的意外移动时，电梯应具有防止该移动或使移动停止的装置。该装置旨在防止乘客在进出轿厢时，受到轿厢意外移动而造成剪切和挤压事故的伤害。

轿厢意外移动保护装置一般由以下三部分所组成，即检测子系统、制停子系统、自监测子系统，以此对轿厢的运行速度和实际位置进行检测，制停轿厢。

---

❶　g_n 指标准重力加速度。

四、轿厢意外移动保护装置的类型及结构

依据轿厢意外移动保护装置的定义，目前，国内电梯生产厂商已配套了 6 种不同的设计方案。按照其系统的组成，大体分为如下四种类型，分别是主机制动器型、锁止轿厢型、限速器型和夹持钢丝绳型，其流程如图 2-5-3 所示。

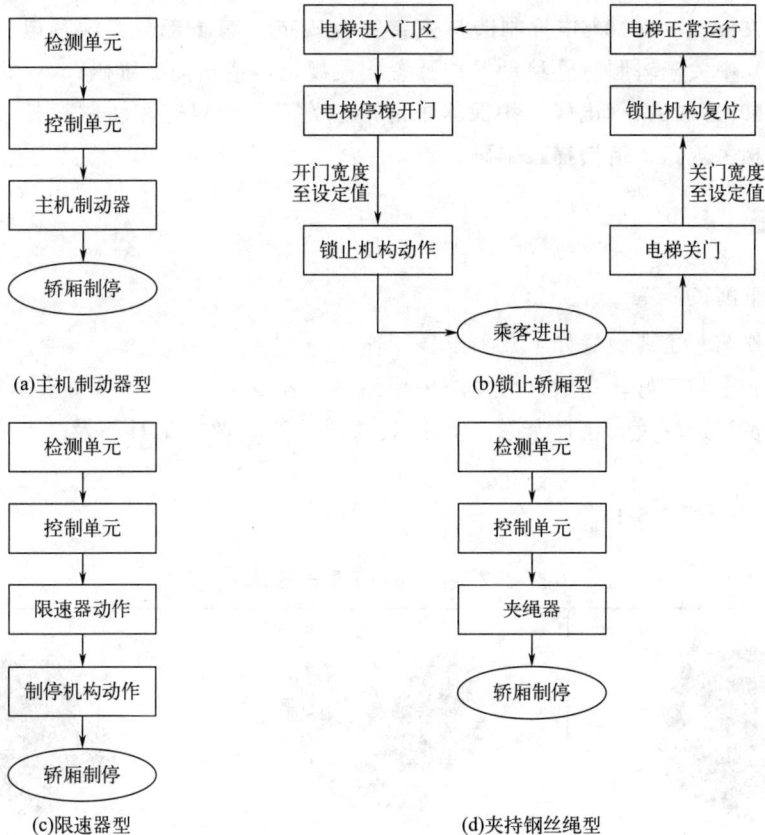

(a)主机制动器型

检测单元 → 控制单元 → 主机制动器 → 轿厢制停

(b)锁止轿厢型

电梯进入门区 ← 电梯正常运行
电梯停梯开门 → 锁止机构复位
开门宽度至设定值
关门宽度至设定值
锁止机构动作 → 乘客进出 → 电梯关门
乘客进出

(c)限速器型

检测单元 → 控制单元 → 限速器动作 → 制停机构动作 → 轿厢制停

(d)夹持钢丝绳型

检测单元 → 控制单元 → 夹绳器 → 轿厢制停

图 2-5-3　轿厢意外移动保护装置流程

综上所述，电梯轿厢意外移动保护装置需要多个系统密切配合才能够发挥出相应的功能。因此，各系统应保持密切的协调与配合，从而对整个电梯进行有效的控制。下面分析检测子系统、电子自监测系统及触发制停系统。

就检测子系统而言，其主要作用是完成系统控制以及信号的发射功能，即可以对轿厢运行过程进行监控，如在第一时间发现轿厢意外移动状况，将其反馈到其他的系统，使各个系统能够在第一时间作出反应动作。

在触发和制停子系统方面，根据轿厢运行过程中的实际情况，确定轿厢的停止状况，对轿厢的不同位置和停止作用进行类型的划分，主要包括制动停止设备（制动器）、曳引轮当中的制动停止部件，以及轿厢当中的制动停止部件等。

电子自监测子系统是整个装置中的关键部分，其作用在于对装置当中的执行机构（如制停制动器）进行监测，主要是预防制停子系统制动力不足，导致在发生意外移动时，制停子

系统不能有效制停，轿厢意外移动保护失效。电子自监测子系统从根本上保证系统能够始终处于安全稳定而可控的运行状态。

五、标准链接

◆ **GB/T 7588.1—2020**《电梯制造与安装安全规范　第 1 部分：乘客电梯和载货电梯》中关于上行超速保护装置相关规定，请扫描二维码；

◆ **GB/T 7588.1—2020**《电梯制造与安装安全规范　第 1 部分：乘客电梯和载货电梯》中关于轿厢意外移动保护装置相关规定，请扫描二维码；

◆ **TSG T5002—2017**《电梯维护保养规则》中关于上行超速和轿厢意外移动保护装置相关规定，请扫描二维码。

▶ 标准链接 ◀

任务实施

（一）操作前的准备

本任务操作前，主要做好如下几项准备工作。

检查工具齐全与完好，穿戴好劳动防护用品（见表 2-5-1）；厅外放置安全护栏及警示标识。检查机房及周边环境，清除异物，确保其通道畅通；做好工具箱及工具准备工作（见表 2-5-2）。

1. 防护工具（表 2-5-1）

表 2-5-1　防护工具一览表

安全帽	防护手套	安全鞋

2. 维保工具（表 2-5-2）

表 2-5-2　维保工具一览表

刷子	三角钥匙	清洁布

续表

螺钉旋具	安全护栏	门阻止器
锁具	锁扣与标识	塞尺
万用表	油枪	钢尺
扳手	工具箱	卷尺

（二）维保过程

（1）制动器作为轿厢意外移动保护装置制停子系统时自监测（A1）见表 2-5-3。

保养标准：制动力人工方式检测符合使用维护说明书要求；制动力自监测系统有记录。

表 2-5-3   轿厢意外移动保护装置制停子系统时自监测

方法	维保内容及操作过程示意图
自动检测	① 电梯正常抱闸制动力检测：没有内外呼条件下，电梯节能时间后或者 3min 后，进行检测。 ② 抱闸制动力强制检测：提前 10min 判断，电梯进行蜂鸣提示 30s，30s 后，此时外呼登记保留不消号，内呼消号，可以开关门，关门之后开始检测
手动检测	电梯处于检修状态，门锁闭合，在平层区域，主板小键盘参数 "F-8" 设置后开始检测。不管手动/自动检测，测试过程中主板小键盘显示 "E88"。自动测试后，自动跳转到楼层显示，抱闸制动力检测合格。手动测试完成后，未显示 "E66" 故障，抱闸制动力检测合格；反之不合格，报 "E66" 故障。出现故障要检查抱闸使用情况，磨损严重时应采取停梯处理
故障说明	E66 闪烁
故障复位	重新手动做一次抱闸制动能力检测，成功后自动复位，不成功则通知相关人员做出相应对策
功能说明	① 电梯每天空闲时间自动检测抱闸制动能力； ② 电梯维护保养每 15 天定期检测抱闸制动能力

（2）上行超速保护装置动作试验（A4）见表 2-5-4。

保养标准：工作正常。

上行超速保护装置组成结构有多种，表 2-5-4 介绍一种制动器型式的动作试验方法。

微课扫一扫

▶上行超速保护装置动作试验–作用于曳引轮上的曳引制动器的试验方法◀

表 2-5-4   上行超速保护装置动作试验过程

步骤	维保内容及操作过程示意图
第 1 步	确认轿厢是空载
第 2 步	取消外呼和门动作
第 3 步	将电梯运行到最底层

步骤	维保内容及操作过程示意图
第 4 步	让电梯以正常速度从底层向上运行（考虑到现场安全，不建议现场电梯达到上行超速速度） 轿厢空载，电梯向上正常运行
第 5 步	使限速器开关动作，电梯制动停止（如果有夹绳器装置，夹绳器动作） 人为断开限速器的上行电气装置触发曳引制动器动作，电梯减速并制停
第 6 步	对于有机房电梯，试验完成后手动恢复限速器开关（如果有夹绳器装置，恢复夹绳器开关） 电梯超速保护 确认电梯已制停并无其他异常现象后，复位限速器上行电气装置
第 7 步	对于无机房电梯，试验完成后使用复位按钮恢复限速器开关 无机房限速器复位按钮
第 8 步	恢复轿厢外呼和门动作
第 9 步	运行轿厢，验证电梯运行正常

（3）轿厢意外移动保护装置动作试验（A4）见表2-5-5。

保养标准：工作正常。

轿厢意外移动保护装置结构类型有多种，表2-5-5介绍一种主机制动器型的动作试验方法。

表 2-5-5　轿厢意外移动保护装置动作试验过程

步骤	维保内容及操作过程示意图
第1步	将轿厢停在门区位置，电梯置于检修状态，且门锁回路导通
第2步	主板小键盘或操作器设置参数开启 UCMP 测试功能（参数设置参考下表），进入测试状态后主板显示 E88 | 控制器类型	开启参数（小键盘）	开启参数（操作器）
---	---	---
NICE 3000new	F-8-7	F3-24-2	
第3步	手动断开接口板上面 UCMP 测试插头，断开门锁回路（有附加制动器时，同时需断开轿厢副门锁回路）
第4步	手动按住紧急电动上行或者下行按钮，封门继电器输出，门锁短接，此时电梯紧急电动运行
第5步	轿厢运行脱离门区后，硬件 UCMP 板模块会取消门锁短接，触发制停部件制停轿厢；同时系统报 E65 UCMP 故障，防止电梯再次启动运行
第6步	复位：E65 故障断电不可复位，必须在检修状态下人为操作使其复位
说明： ① 无附加制动器的电梯，检修状态下，按操作器的"Stop"键复位，电梯返平层恢复自动运行； ② 有附加制动器的电梯，先复位附加制动器，然后按操作器的"Stop"键复位，电梯返平层恢复自动运行	

在实训基地进行实际操作时，按步骤进行操作，并根据日常维保项目单操作中需要使用

到的工具完成学生工作手册中的"工具、材料申领单";根据作业内容以及任务分工完成学生工作手册中的"作业计划及任务分工表";根据实际操作步骤完成学生工作手册中的"维保作业过程记录表"和"维保记录单"。

任务评价

根据安全意识、制动器自监测、职业规范和环境保护、制动器自监测记录单四个方面的考核细则完成学生工作手册中的"制动器自监测测试考核评价表"。

思考与练习题

1. 简述上行超速保护装置的工作原理。
2. 轿厢意外移动保护装置由哪几大部分组成?其关键部分应为哪个系统?
3. 轿厢意外移动保护装置制停轿厢时,应有哪些距离规定?

项目三
电梯井道设备维护保养

任务一　导向系统维护保养

任务导入

　　导向系统为电梯整机八大系统之一。它在轿厢和对重曳引钢丝绳的作用下，分别沿着井道内轿厢侧和对重侧的引导系统上下运行。这两侧引导系统均由导轨、导轨支架和导靴三个部件组成。当电梯的品类、运行速度、额定载重量等不同时，组成各系统的三个部件的结构和参数尺寸也会发生相应的变化。

　　通过本任务的学习，进一步了解导向系统的功能与组成；熟悉其三个部件结构组成及特点；掌握在维修过程中进行导轨、导轨支架和导靴等部件的维护保养操作流程，并且能够熟练运用相关仪器与工具；知晓在导轨、导轨支架和导靴等零部件日常保养过程中，需要注意的相关安全事项与技术要求。

学习目标

☞ 具备严谨细致规范的工作态度；
☞ 熟悉导向系统的整体结构组成与功能；
☞ 掌握导轨、导轨支架和导靴等的保养内容与保养步骤；
☞ 能正确填写其维保记录单；
☞ 能正确地实施导向系统的维护保养。

相关知识

一、导向系统的功能与组成

　　导向系统的功能是限制轿厢和对重的活动自由度，使轿厢和对重只能沿着导轨做上、下行运动，确保两者在运行中平稳，不致晃动及偏离轨道，并能承受安全钳工作时的制动力。电梯立体结构如图 3-1-1 所示。

电梯的导向系统包括轿厢导向和对重导向两个部分。

轿厢导向与对重导向两个部分均由导轨、导靴和导轨支架组成。

导轨及其附件应能保证轿厢与对重（平衡重）间的导向，并将导轨的变形限制在一定的范围内，不应出现导轨变形过大导致门的意外开锁、安全装置动作及移动部件与其他部件碰撞等安全隐患，确保电梯安全运行。固定导轨用的导轨支架应用金属制作，不但应有足够的强度而且可以针对电梯井道建筑误差进行弥补性的调整。

对于导靴部件，它分别安装在轿架和对重架上，确保轿厢和对重沿着各自导轨上下运行。导靴部件也是保持轿门地坎、层门地坎、井道壁及操作系统各部件之间相对位置的装置。

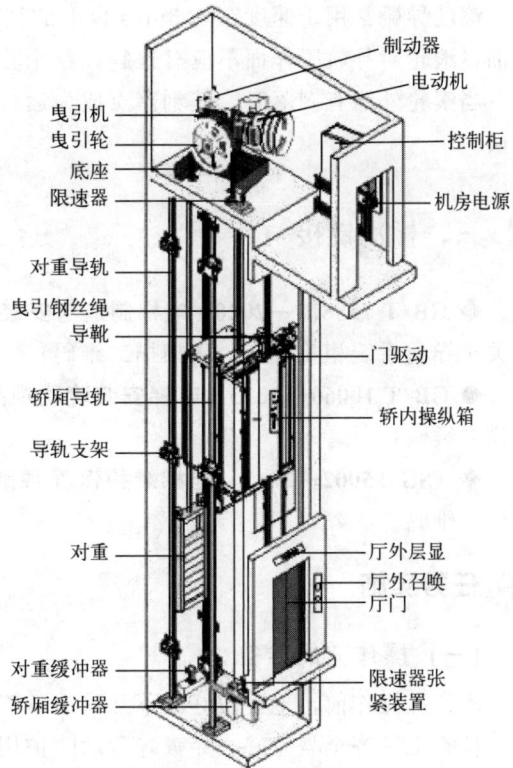

图 3-1-1　电梯立体结构

二、导靴的组成及要求

常用的导靴有滑动导靴和滚动导靴两种。

滑动导靴一般是由带凹形槽的靴头、靴体和靴座组成，在靴头凹槽中一般均镶有耐磨的靴衬。有靴衬简单型的滑动导靴：在靴头凹槽内镶嵌有减磨材料，如用尼龙等制成靴衬，必要时可仅更换靴衬。

为减小滑动导靴摩擦阻力，延长靴衬寿命，通常在上导靴的顶部安装润滑油盒（见图 3-1-2），通过油盒向导轨加润滑油，也可直接在导轨和靴衬中加润滑脂润滑。

滚动导靴则用三个（或六个）滚轮沿导轨滚动运行，如图 3-1-3 所示。

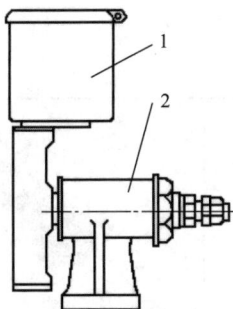

图 3-1-2　上滑动导靴与油盒

1—油盒；2—导靴

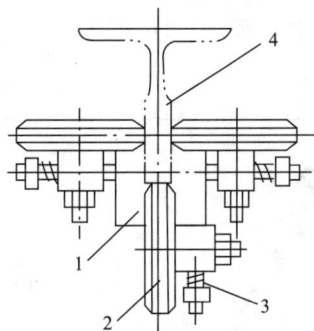

图 3-1-3　滚动导靴

1—靴座；2—滚轮；3—调节弹簧；4—导轨

滚动导靴常用于速度在 2.5m/s 以上的高速电梯，其相应的导轨工作面上绝不允许加润滑油，滚轮对导轨工作面不应有歪斜，整个轮缘宽度上与导轨工作面接触应均匀、平稳。

当滚轮外缘有剥落时，其剥落点成为运行中的干扰力，因此滚轮一旦有剥落现象应及时更换。

三、标准链接

◆ **GB/T 7588.1—2020**《**电梯制造与安装安全规范　第 1 部分：乘客电梯和载货电梯**》中关于导向系统相关规定，请扫描二维码；

◆ **GB/T 10060—2023**《**电梯安装验收规范**》中关于导轨等相关规定，请扫描二维码；

◆ **TSG T5002—2017**《**电梯维护保养规则**》中关于导轨等相关规定，请扫描二维码。

▶ 标准链接 ◀

🛠 任务实施

（一）操作前的准备

本任务操作前，主要做好如下几项准备工作。

检查工具齐全与完好，穿戴好劳动防护用品（见表 3-1-1）；基站层门外放置安全护栏及警示标识。检查机房及周边环境，清除异物，确保其通道畅通；做好工具箱及工具准备工作（见表 3-1-2）。

1. 防护工具（表 3-1-1）

表 3-1-1　防护工具一览表

安全帽	防护手套	安全鞋

2. 维保工具（表 3-1-2）

表 3-1-2　维保工具一览表

刷子	三角钥匙	清洁布

续表

螺钉旋具	安全护栏	门阻止器
锁具	锁扣与标识	塞尺
万用表	油壶	钢尺
扳手	角磨机	卷尺

（二）维保操作过程

（1）导靴上油杯（A1）维保过程见表 3-1-3。

保养标准：吸油毛毡齐全，油量适宜，油杯无泄漏。

微课扫一扫

▶导靴油杯◀

表 3-1-3　导靴上油杯维保过程

步骤	维保内容及操作过程示意图
第 1 步	检查轿顶油杯，保证固定可靠，无漏油破损；毛毡齐全、清洁，油路正常

续表

步骤	维保内容及操作过程示意图	
第2步	用纱手套等触摸导轨时，发现导轨上无油膜，则需要检查毛毡及油质，并向导轨油杯中注入符合要求的润滑油，油位大约在油杯高度的2/3处	
第3步	电梯运行到井道中间位置时，同样检查对重导轨的油杯及导轨上是否有油膜。若无油膜则加注同质润滑油，油位大约在油杯高度的2/3处	

（2）靴衬、滚轮（A2）维保过程见表3-1-4。

保养标准：清洁，磨损量不超过制造单位要求。

微课扫一扫
▶靴衬、滚轮◀

表3-1-4　靴衬、滚轮维保过程

步骤	维保内容及操作过程示意图	
滑动导靴靴衬更换		
第1步	在轿厢内感受运行状况，听滑动导靴有无噪声、异响	
第2步	用塞尺测量所有靴衬和导轨的间隙应单边<1mm	
第3步	当间隙>1mm时，应同时更换所有的靴衬，或更换导靴整体	
第4步	检查导靴整体是否松动，若松动则应紧固	
滚动导靴滚轮维保		
第1步	在轿厢内感受运行状况，听滚动导靴有无噪声、异响	

步骤	维保内容及操作过程示意图	
第2步	在轿顶和底坑处检查滚轮表面有无破损、裂纹或变形。如果表面有磨损异常，需要查找原因并更换	
第3步	检查螺栓等是否紧固，定位销是否齐全，压缩弹簧工作状态是否异常	
第4步	对活动销轴进行润滑	

（3）轿厢和对重/平衡重的导轨支架（A4）维保过程见表 3-1-5。

保养标准：固定，无松动。

► 轿厢和对重
的导轨支架 ◄

表 3-1-5 轿厢和对重/平衡重的导轨支架维保过程

步骤	维保内容及操作过程示意图	
第1步	定期检查导轨支架有无裂纹、变形、移位等，如发现应及时处理	
第2步	检查导轨支架焊接或紧固情况，若发现支架焊接不牢，已脱焊，应及时重新补焊	
第3步	同时对紧固螺母进行检查，有问题时，应随手紧固好	
第4步	检查导轨支架的水平度是否超差，见右图，$a \leqslant 1.5\%$；支架有无严重的锈蚀情况。若水平度超差或有锈蚀，应及时处理	 (a)轿厢导轨　(b)对重导轨(角铁) 1—导轨；2—导轨架；3—水平线； a—导轨支架水平度

（4）轿厢和对重/平衡重的导轨（A4）维保过程见表 3-1-6。

保养标准：清洁，压板牢固。

表 3-1-6　轿厢和对重/平衡重的导轨维保过程

步骤	维保内容及操作过程示意图
第 1 步	检查导轨接头处，若发现导轨接头处弯曲，应进行校正。其方法是：拧松两头邻近导轨接头压板螺栓，拧紧弯曲接头处的螺栓，在已放松压板导轨底部垫上钢片，调直后再拧紧压板螺栓
第 2 步	检查是否存在导轨位移、松动现象，若有则证明导轨连接板、导轨压板上的螺栓松动，应及时紧固。有时因导轨支架松动或开焊也会造成导轨位移，此时根据具体情况，进行紧固或补焊
第 3 步	检查导轨弯曲情况，当弯曲的程度严重时，则必须在较大范围内，用上述方法调直
第 4 步	检查导轨工作面有无凹坑、麻斑、飞边、划伤、锈蚀，以及因安全钳动作或紧急停止制动而造成的导轨工作面损伤。若存在以上情况，应用锉刀（或角磨机）、砂纸、油石等对其进行修磨。修磨后的导轨面应光滑且不能留下刀纹痕迹
第 5 步	检查导轨接头处台阶，若高于 0.05/300mm 时，应进行磨平
第 6 步	用煤油或柴油擦净导轨工作面上的脏污，必要时清洗干净导靴内靴衬

在实训基地进行实际操作时，按步骤进行操作，并根据日常维保项目单操作中需要使用到的工具完成学生工作手册中的"工具、材料申领单"；根据作业内容以及任务分工完成学生工作手册中的"作业计划及任务分工表"；根据实际操作步骤完成学生工作手册中的"维保作业过程记录表"和"维保记录单"。

任务评价

根据安全意识、导靴上油杯和靴衬维保、职业规范和环境保护、导靴上油杯和靴衬维保记录单四个方面的考核细则完成学生工作手册中的"导靴上油杯和靴衬保养考核评价表"。

思考与练习题

1. 在电梯安装规范中，对导轨检查提出了哪些具体数值及偏差要求？
2. 在对上油杯进行例行检查时，用纱手套等触摸导轨，感觉其上无油膜，应怎么处理？
3. 简述更换滑动导靴靴衬的技术要求。

任务二　悬挂装置和补偿装置及随行电缆维护保养

任务导入

悬挂装置是轿厢和对重（或平衡重）采用钢丝绳或钢质滚子链条与端接装置结合悬挂而成。端接装置又称为绳头组合部件。而补偿装置和对重装置两部分组成重量平衡系统。其作用是使对重与轿厢（含随行电缆）达到相对平衡，即使电梯运行中载重量不断变化，仍能使两者的重量差保持在较小范围之内，保证电梯的曳引传动平稳、正常。

通过本任务的学习，进一步了解悬挂装置和补偿装置及随行电缆相关零部件；熟悉各装置零部件结构组成及特点；掌握在维修过程中进行各装置相关零部件的维保操作流程，并且能够熟练运用相关仪器与工具；知晓在各装置相关零部件日常保养过程中，需要注意的相关安全事项与技术要求。

学习目标

☞ 培养安全操作的职业素养；
☞ 熟悉悬挂装置和补偿装置各结构组成与作用；
☞ 掌握悬挂装置、补偿装置及随行电缆的保养内容与保养步骤；
☞ 能正确地实施悬挂装置及随行电缆维护保养；
☞ 能正确填写各装置零部件相关维保记录单。

相关知识

一、悬挂装置和补偿装置各结构组成与作用

端接装置是钢丝绳两端绳头与有关构件间的过渡连接装置，又称为绳头组合部件。标准GB/T 7588.1—2020中明确规定，其端接装置应采用自锁紧楔形、套管压制绳环或柱形压制的固定方式，详见图3-2-1。原金属或树脂填充的绳套等绳头部件不再选用。

补偿装置由悬挂在轿厢和对重底部的补偿链条、补偿绳等组成。电梯运行时，其长度及

图 3-2-1　自锁紧楔形和套管压制绳环固定方式

重量的变化正好与曳引绳长度变化趋势相反，以达到补偿目的。

此外，随行电缆一端固定在井道高度的中部，另一端悬挂在轿厢底部，其长度和自重也随电梯运行而发生转移，上述因素都会给轿厢和对重的平衡带来影响。

尤其是当电梯提升高度超过 30m 时，两侧重量变化就变得不容忽视了，必须增设补偿装置。

二、钢丝绳张力调整

钢丝绳绳头端接装置应可以方便地调整钢丝绳张力，具体方法是拧紧拉杆下端螺母，弹簧受压，钢丝绳中张力增大，绳被张紧；放松螺母则相反。详见图 3-2-2。

电梯或钢丝绳在新安装时，应将曳引钢丝绳的张力调整一致，要求每根绳张力差小于 5%，在电梯使用一段时间后，张力会发生一些变化，必须再按照上述方式进行调整。具体可参照图 3-2-3 和图 3-2-4 所示的工具调整。

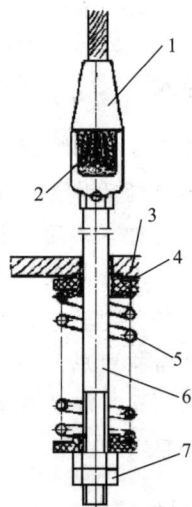

图 3-2-2　浇注式端接装置

1—锥套；2—巴氏合金；3—绳头板；
4—弹簧垫；5—弹簧；6—拉杆；7—螺母

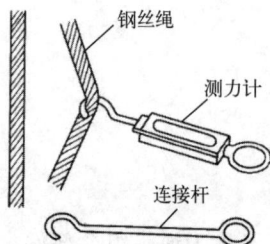

图 3-2-3　钢丝绳张力测力计调整

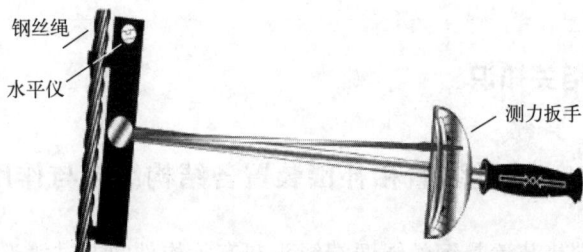

图 3-2-4　钢丝绳张力测力扳手调整

三、标准链接

◆ **GB/T 7588.1—2020**《电梯制造与安装安全规范　第1部分：乘客电梯和载货电梯》中关于悬挂装置和补偿装置相关规定，请扫描二维码；

◆ **GB/T 10060—2023**《电梯安装验收规范》中关于随行电缆等相关规定，请扫描二维码；

◆ **TSG T5002—2017**《电梯维护保养规则》中关于悬挂装置和补偿装置及随行电缆的相关规定，请扫描二维码。

▶ 标准链接 ◀

⚙ 任务实施

（一）操作前的准备

本任务操作前，主要做好如下几项准备工作。

检查工具齐全与完好，穿戴好劳动防护用品（见表3-2-1）；基站层门外放置安全护栏及警示标识。检查机房及周边环境，清除异物，确保其通道畅通；做好工具箱及工具准备工作（见表3-2-2）。

1. 防护工具（表3-2-1）

表3-2-1　防护工具一览表

安全帽	防护手套	安全鞋

2. 维保工具（表3-2-2）

表3-2-2　维保工具一览表

刷子	管状拉力器	
螺钉旋具	安全护栏	门阻止器

续表

锁具	锁扣与标识	工具箱
宽度游标卡尺	三角钥匙	钢尺
扳手	安全带	卷尺

（二）维保操作过程

（1）悬挂装置（更换新钢丝绳的悬挂，曳引比为 1∶1）（A2）操作过程见表 3-2-3。

保养标准：张力均匀，符合制造单位要求。

微课扫一扫

▶悬挂装置◀

表 3-2-3　悬挂装置（更换新钢丝绳的悬挂，曳引比为 1∶1）操作过程

步骤	维保内容及操作过程示意图	
第1步	将轿厢置于顶层平层位置，防止坠落；在底坑用支撑木固定好对重	 导靴 木方 底坑地面 L
第2步	按电梯井道和机房中各绳轮相关位置，采用实地测量法用塑料绳实测曳引钢丝绳长度，并将其作为基准截取长度	

续表

步骤	维保内容及操作过程示意图	
第3步	截取前后用（21♯或22♯）铁丝扎紧截断处，以免松散	用铁线捆扎 10　30~35
第4步	将截取的曳引绳按绳的走向穿绳，防止扭结	
第5步	制作楔块式绳头（具体参见钢丝绳绳头的制作方法）	330　360　R20~R25
第6步	将绳头锥套用螺栓、螺母、开口销与轿厢和对重连接板连接	
第7步	调节螺母使曳引绳的受力均匀（选用上述工具，测试各点受力差值≤5％）	
第8步	取下对重下的支撑木，完成挂绳任务	

（2）悬挂装置、补偿绳（A3）的维保过程见表3-2-4。

保养标准：磨损量、断丝数不超过要求。

表3-2-4　悬挂装置、补偿绳的维保过程

步骤	维保内容及操作过程示意图
目测钢丝绳有无断丝、短股、扭曲、直径变化，检查钢丝绳及绳槽。钢丝绳更换标准如下：	
第1步	断丝的性质和数量。对于6股和8股的钢丝绳，断丝主要发生在外表。而对于多层绳股的钢丝绳（典型的多股结构）就不同，断丝大多数发生在内部，因而是"不可见的"断裂。可参考标准GB/T 5972—1986第2.5.1节内容

续表

步骤	维保内容及操作过程示意图	
第 2 步	绳端断丝。右图为严重扭结、绳芯突出	
第 3 步	断丝的局部聚集。右图为局部压扁状	
第 4 步	根据断丝的增加率判断更换日期	
第 5 步	绳股断裂。右图为严重弯折	
第 6 步	由于绳芯损坏引起绳径减小	
第 7 步	弹性降低（伴随现象：绳径减小；钢丝绳捻距伸长；由于各部分相互压紧，钢丝之间和绳股之间缺少间隙；绳股凹处出现褐色粉末；虽未断丝，但钢丝绳明显不易弯曲和直径减小）	
第 8 步	外部磨损达到钢丝绳直径 40% 及内部磨损使得钢丝绳直径相对于公称直径减小达到 10% 或以上。见右图检测方法	
第 9 步	外部或内部腐蚀表面出现深坑或直径变化时	
第 10 步	钢丝绳变形。右图为笼状畸变	
第 11 步	热或电弧作用引起的损坏	

（3）绳头组合（A3）维保过程见表 3-2-5。

保养标准：螺母无松动。

表 3-2-5　绳头组合维保过程

步骤	维保内容及操作过程示意图	
第 1 步	曳引比为 1:1 时，其绳头组合分别在轿顶或对重处（2:1，绳头组合在机房）	
第 2 步	电梯运行到中间楼层合适位置，按下轿顶急停开关	
第 3 步	用扳手检查螺母无松动现象，开口销无缺失或破损，曳引绳绳端固定可靠	紧固曳引钢丝绳绳头组合

微课扫一扫
▶曳引绳绳头组合◀

续表

步骤	维保内容及操作过程示意图	
第4步	每个绳头须有3个绳夹，绳头之间穿有防转钢丝绳，且有2个绳头固定	
第5步	各绳头组合有2个螺母紧固，且其上开口销呈蝴蝶状	
第6步	用钢尺检查绳头弹簧压缩量是否一致，其弹簧高度差不大于10mm	

（4）补偿链（绳）与轿厢、对重接合处（A3）维保过程见表3-2-6。
保养标准：固定，无松动。

▶补偿链（绳）与轿厢对重、对重接合处◀

表 3-2-6　补偿链（绳）与轿厢、对重接合处维保过程

步骤	维保内容及操作过程示意图	
第1步	检查U形环螺母是否紧固，开口销是否齐全	

续表

步骤	维保内容及操作过程示意图	
第2步	目测检查S钩是否有变形现象	S钩详见上图、下图
第3步	检查以下尺寸是否符合要求： S钩挂好时，$L_2 = 100 \sim 200mm$ 卸下S钩时，$L_2 = 30 \sim 50mm$ 调整预留长度，$L_3 = 300 \sim 600mm$	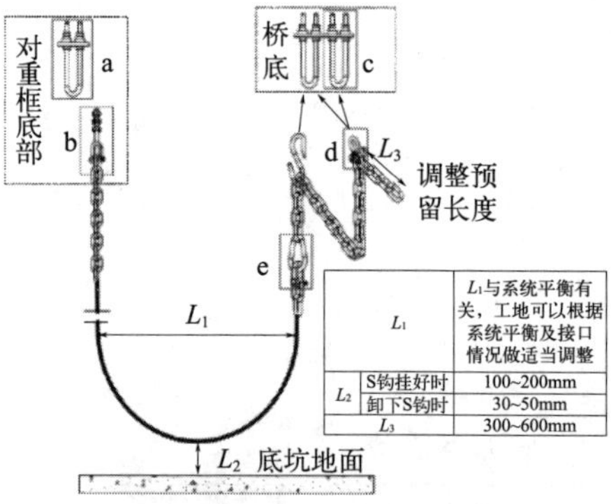
第4步	检查并确保二次保护固定可靠，二次保护的受力点为独立的受力点，且能提供该补偿链足够的挂吊力	
第5步	检查补偿链长度，轿厢完全压实缓冲器时不接触底坑地面	
第6步	如补偿链有导向装置时（见右图，防晃辊子），检查其是否牢固，有无变位或磨损；且确认对重压实缓冲器时，不损害补偿链	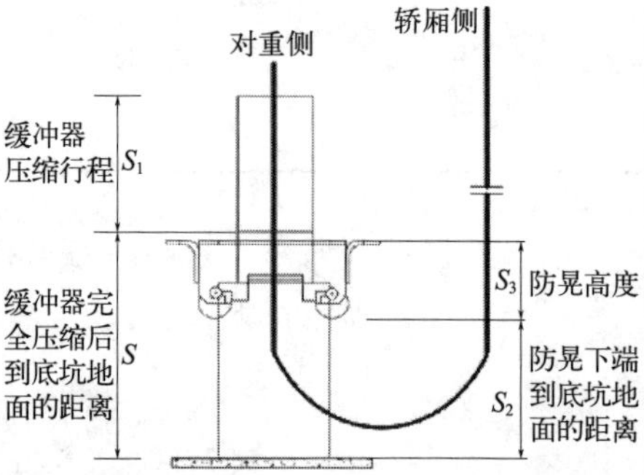

（5）随行电缆（A4）维保过程见表3-2-7。

保养标准：无损伤。

▶随行电缆◀

表3-2-7　随行电缆维保过程

步骤	维保内容及操作过程示意图
第1步	检查随行电缆有无破损，有无与井道其他装置（如爬梯、限速器绳、导轨支架、对重架、轿架等）相干涉

续表

步骤	维保内容及操作过程示意图	
第 2 步	检查随行电缆悬挂范围内无井道壁突出物，防止电缆运行磨损；其敷设长度应使轿厢缓冲器完全压缩余量为 100mm；不得与地面和轿底边框接触（A 尺寸≥电缆直径×40）	
第 3 步	检查电缆表面是否有扭曲凸起，井道内固定支架是否松动	

　　在实训基地进行实际操作时，按步骤进行操作，并根据日常维保项目单操作中需要使用到的工具完成学生工作手册中的"工具、材料申领单"；根据作业内容以及任务分工完成学生工作手册中的"作业计划及任务分工表"；根据实际操作步骤完成学生工作手册中的"维保作业过程记录表"和"维保记录单"。

任务评价

　　根据安全意识、补偿装置与轿厢对重接合处维保、职业规范和环境保护、补偿装置与轿厢对重接合处维保记录单四个方面的考核细则完成学生工作手册中的"补偿装置与轿厢对重接合处保养考核评价表"。

思考与练习题

　　1. 电梯运行过程中钢丝绳转动有何危害？
　　2. 当采用自锁紧楔形端接装置时，其固定方式应满足哪些要求？
　　3. 简述对曳引钢丝绳进行张力调整的方法及规定。

任务三　轿厢及其附加装置维护保养

任务导入

　　轿厢既是电梯四大空间部分，也是电梯八大系统之一。客梯轿厢给乘客提供一个安全空间，即电梯输送乘客遇到轿厢困人或电梯发生事故时，能保护乘客避免受到伤害。对轿厢从轿内装饰、照明通风、操作方便及内部温度等多方面做出要求。而货梯轿厢具有承受集中载荷的特点，通常采用直通式轿厢，会开设两个直接相对的轿门，以方便货物装卸或配合工厂建筑结构。

通过本任务的学习，进一步了解轿厢是电梯八大系统的相关部件，熟悉其系统中各部件及附加结构组成及特点；掌握在维修过程中进行轿厢及其附加装置的维保操作流程，并能够熟练运用相关仪器与工具；知晓在轿厢及其附加装置等零部件日常保养过程中，需要注意的相关安全事项与技术要求。

📚 学习目标

☞ 养成安全操作的职业素养；
☞ 熟悉轿厢系统的整体结构组成与作用；
☞ 掌握轿厢及其附加装置等的保养内容与保养步骤；
☞ 能正确地实施轿厢及其附加装置的维护保养；
☞ 能正确填写其相关维保记录单。

✈ 相关知识

一、轿厢（系统）整体结构组成与作用

轿厢通常由轿厢架（轿架）和轿厢体组成。导靴、超载装置、安全钳及操纵机构等装设于轿厢架上，轿顶护栏、风扇、检修箱及轿门开门机均安装在轿厢顶上，而操纵箱、扶手及照明装置则与轿厢体连接。其整体结构见图 3-3-1，可见，它是用以运送乘客和货物的组合结构体。

1. 轿厢架

在轿厢整体结构中，轿厢架作为承重结构件，制作成一个金属框架，一般由上梁、下梁、立梁和拉条等组成，采用螺栓连接。轿厢架主要承受轿厢自重和所有载荷的重量，要求有良好的刚性和强度，以保证在受到因电梯运行超速导致安全钳制动时的制动力或当轿厢坠落与底坑内缓冲器相撞的冲击力作用时，不致损坏。

2. 轿厢体

轿厢体由经压制成型的薄金属板组合成一个箱型结构，由轿底、轿壁、轿顶及轿门等组成。

在轿底框架上面铺设一层钢板或木板形成完整的底面，有时在其上粘贴一层塑料地板或装饰材料来改善美观程度。轿壁由薄钢板经压制成型的壁板，用螺栓连接拼合而成，每块壁板的中部有特殊形状的加强筋，以增强轿壁的强度和刚性。此外，在每块壁板的内壁粘贴有发泡材料等，以减少轿厢体因运行时振动而产生的噪声。

对于舒适程度要求较高的电梯，往往在电梯轿顶、轿底及轿架之间加设橡胶缓冲块，进一步提升电梯运行时的平稳性及降低噪声。而观光电梯则采用高强度玻璃制作轿壁，保证乘客乘坐时视野开阔。

而货梯轿厢因运送货物的特点，均采用普通碳钢材料制作，无装饰要求，轿底采用较厚的花纹钢板制作，便于承重并防止货物滑移。

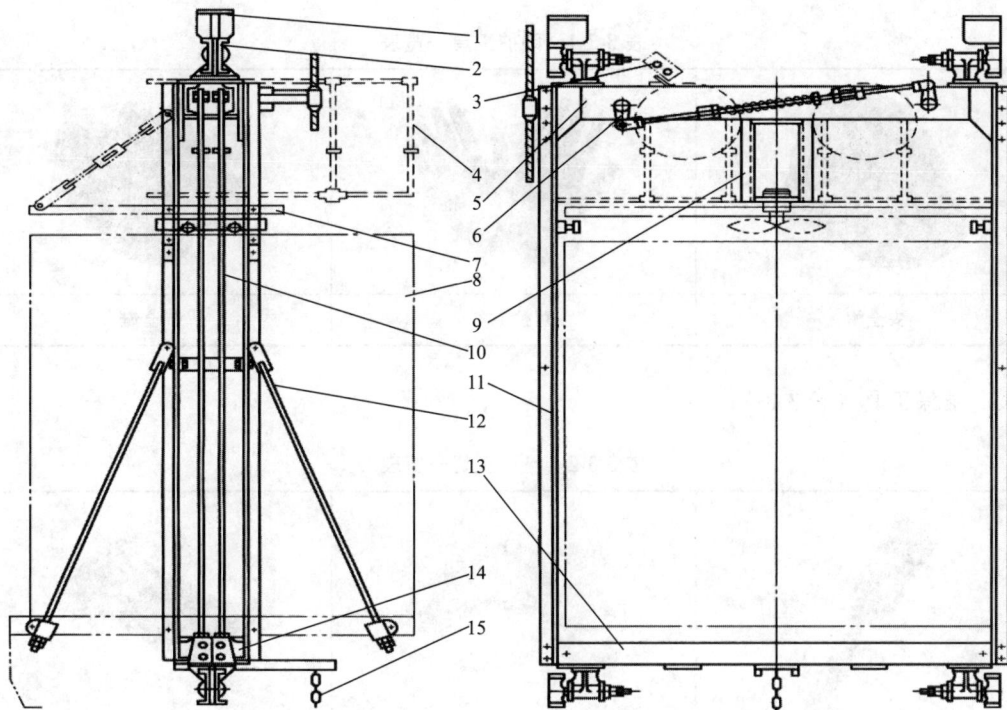

图 3-3-1　轿厢整体结构

1—导轨加油盒；2—导靴；3—轿顶检修窗；4—轿顶安全护栏；5—轿架上梁；
6—安全钳传动机构；7—开门机架；8—轿厢；9—风扇架；10—安全钳拉杆；
11—轿架立梁；12—轿厢拉条；13—轿架下梁；14—安全钳体；15—补偿装置

二、标准链接

◆ **GB/T 7588.1—2020**《电梯制造与安装安全规范　第 1 部分：乘客电梯和载货电梯》中关于轿厢系统等相关规定，请扫描二维码；

◆ **GB/T 10058—2023**《电梯技术条件》中关于轿厢等相关规定，请扫描二维码；

◆ **TSG T5002—2017**《电梯维护保养规则》中关于轿厢及其附加装置相关规定，请扫描二维码。

任务实施

（一）操作前的准备

本任务操作前，主要做好如下几项准备工作。

检查工具齐全与完好，穿戴好劳动防护用品（见表 3-3-1）；基站层外放置安全护栏及警示标识。检查机房及周边环境，清除异物，确保其通道畅通；做好工具箱及工具准备工作（见表 3-3-2）。

1. 防护工具（表 3-3-1）

表 3-3-1　防护工具一览表

安全帽	防护手套	安全鞋

2. 维保工具（表 3-3-2）

表 3-3-2　维保工具一览表

刷子	三角钥匙	清洁布
螺钉旋具	安全护栏	门阻止器
锁具	锁扣与标识	卷尺
万用表	扳手	油枪

（二）维保操作过程

（1）轿顶（A1）维保过程见表 3-3-3。

保养标准：清洁，防护栏安全可靠。

表 3-3-3 轿顶维保过程

步骤	维保内容及操作过程示意图	
第 1 步	按照安全操作程序进入轿顶，检修试运行后按下急停按钮	
第 2 步	清洁轿顶各部件的卫生，特别是确保安全钳联动机构无异物，动作灵活可靠，必要时可在活动部位加油润滑	
第 3 步	如有轿顶护栏开关，则应确保其动作可靠	
第 4 步	紧固轿顶防护栏、固定架等轿顶紧固部件	
第 5 步	清洁轿顶的灰尘、垃圾及油污	
第 6 步	检查轿顶不应放置其他物品或配件	
第 7 步	检查轿厢防晃装置安装可靠，螺钉紧固。防晃装置胶块不应变形开裂，与轿厢立柱留有 0.5mm 的间隙	轿厢防晃装置胶块
第 8 步	检查限速器钢丝绳绳头的连接处应有三个夹头且夹法正确，每个夹头之间的距离为 50～100mm，夹头螺钉紧固。其开口销完整、呈蝴蝶状	

（2）轿顶检修开关、停止装置（A1）维保过程见表 3-3-4。

保养标准：工作正常。

表 3-3-4　轿顶检修开关、停止装置维保过程

步骤	维保内容及操作过程	
第 1 步	按照安全规范测试轿顶检修装置中的急停、检修、上下行、公共开关是否有效	参见项目一任务二"了解进出轿顶操作规范"中操作过程的内容
第 2 步	标志清晰；轿顶检修装置插座与照明有效	
第 3 步	检查轿顶检修装置开关、按钮固定可靠，无松动，无破损	

（3）轿厢检修开关、停止装置（A1）维保过程见表 3-3-5。

保养标准：工作正常。

表 3-3-5　轿厢检修开关、停止装置维保过程

步骤	维保内容及操作过程示意图
第 1 步	在进入轿顶前检测轿顶检修、急停开关有效
第 2 步	如有的话，通过轿厢操纵箱开关打开操纵箱。切换检修开关、停止装置等功能开关，检查电梯是否具备或关闭其对应功能

（4）轿内报警装置、对讲系统及轿内显示、指令按钮、IC 卡系统（A1）维保过程见表 3-3-6。

保养标准：工作正常；齐全、有效。

表 3-3-6　轿内报警装置、对讲系统及轿内显示、指令按钮、IC 卡系统维保过程

步骤	维保内容及操作过程示意图		
第 1 步	轿内报警装置	在轿内，检查轿内报警装置、五方通话对讲系统，轿内按钮测试有效	警铃按钮　　对讲机按钮
第 2 步	对讲系统	测试轿内对讲系统：按下对讲按钮，确认对讲系统联通大厦监控室，并与其对话，测试声音正常无杂音	
第 3 步		测试警铃按钮：用手按下警铃按钮后，听见警铃响为正常	

续表

步骤		维保内容及操作过程示意图	
第1步	轿内显示指令按钮IC卡系统	轿内登记指令，并观察电梯轿内显示、指令按钮齐全有效，开关有效。且按钮动作灵活，多次按下释放可靠	
第2步		按楼层按钮，确认轿厢到达目标楼层。到达目标楼层后，指示灯熄灭	
第3步		检查开门按钮，注意确保当门快关闭时按开门按钮有效	
第4步		用IC卡轿内扫码，登记指令。观察电梯轿内显示、指令按钮齐全有效，开关有效，并能到达登记楼层	

（5）轿顶、轿厢架、轿门及其附件安装螺栓（A4）维保过程见表3-3-7。
保养标准：紧固。

微课扫一扫

▶轿顶、轿厢架、轿门及其附件安装螺栓◀

表3-3-7　轿顶、轿厢架、轿门及其附件安装螺栓维保过程

步骤	维保内容及操作过程示意图	
第1步	分别紧固轿门、门机系统、轿顶，包括轿架的横梁与直梁的固定螺栓	

分别紧固轿门、门机系统、轿顶包括轿架的横梁与直梁的固定螺栓

续表

步骤	维保内容及操作过程示意图	
第2步	轿顶部件在轿顶紧固，轿门上坎组件在轿顶或厅外紧固，以防松动	
第3步	检查各轿厢壁无松动，确保电梯运行时无噪声或磕碰声	

在实训基地进行实际操作时，按步骤进行操作，并根据日常维保项目单操作中需要使用到的工具完成学生工作手册中的"工具、材料申领单"；根据作业内容以及任务分工完成学生工作手册中的"作业计划及任务分工表"；根据实际操作步骤完成学生工作手册中的"维保作业过程记录表"和"维保记录单"。

任务评价

根据安全意识，轿内报警装置和对讲系统维保，轿内显示、指令按钮、IC卡系统维保，职业规范和环境保护，轿内报警装置及轿内显示等维保记录单五个方面的考核细则完成学生工作手册中的"轿内报警装置及轿内显示保养考核评价表"。

思考与练习题

1. 轿厢（系统）附加装置由哪些零部件组成？你能说出超过十种吗？
2. 在计算轿厢的有效面积时，应如何测量？
3. 依据标准 GB/T 7588.1—2020 中的相关规定，轿顶护栏应符合哪些要求？

任务四　对重装置维护保养

任务导入

对重装置和重量补偿装置两部分组成重量平衡系统，其也是电梯八大系统之一。对重（或平衡重）相对于轿厢悬挂在曳引绳的另一侧（称之为对重侧），起到平衡轿厢自重的作用，能使轿厢与对重的重量通过曳引钢丝绳作用于曳引轮，保证足够的曳引力，确保电梯的正常运行。

通过本任务的学习，进一步了解对重装置相关零部件；熟悉其装置等零部件结构组成及特点；掌握在维修过程中进行对重装置等相关零部件的维保操作流程，并能够熟练运用相关仪器与工具；知晓在对重装置相关零部件日常保养过程中，需要注意的相关安全事项与技术要求。

学习目标

☞ 具备严谨细致的工作态度；
☞ 熟悉对重装置及相关零部件的结构组成与作用；
☞ 掌握对重装置及相关零部件的保养内容与保养步骤；
☞ 能正确地实施对重装置及相关零部件的维护保养；
☞ 能正确填写对重装置及相关零部件的维保记录单。

📨 **相关知识**

一、对重装置及相关零部件结构组成与作用

对重装置一般分为无反绳轮式（曳引比为 1∶1 电梯）和有反绳轮式（曳引比为 1∶1 电梯）两类，其结构组成基本相同。它一般由对重架、对重块、导靴、缓冲器撞板、压紧装置、增高座以及与轿厢相连的曳引绳和反绳轮等组成，各部件安装位置如图 3-4-1 所示。

对重架多用型钢制成，高度一般不超过轿厢；对重块由铸铁或水泥包块等制造；装在对重架上时要用压板压紧，以防运行中移位和振动。其作用有以下几点：

（1）相对平衡轿厢和部分电梯载重量，减少曳引机功率损耗，能减小曳引力，延长钢丝绳的寿命。

（2）满足曳引绳与曳引轮槽的曳引系数，从而保证足够曳引力的产生。

（3）当轿厢或对重撞在缓冲器上时，曳引力消失，避免冲顶事故的发生。

（4）电梯提升高度不会受到卷筒结构与尺寸的限制，并且速度也不会过快。

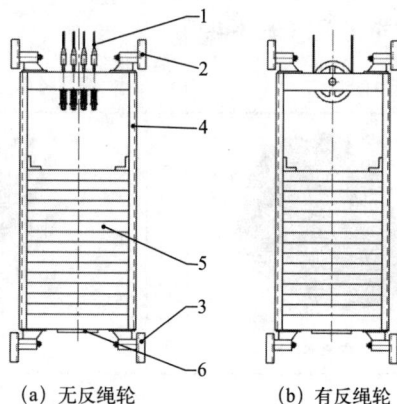

(a) 无反绳轮　　(b) 有反绳轮

图 3-4-1　对重装置

1—曳引绳；2，3—导靴；4—对重架；
5—对重块；6—缓冲器撞板

二、对重重量计算和确定

对重的总重量按以下基本公式计算：

$$W = G + KQ$$

式中　W——对重的总重量，kg。

　　G——轿厢自重，kg。

　　Q——轿厢额定载重量，kg。

　　K——电梯平衡系数，一般取 0.4～0.5。经常处于轻载的电梯，K 取 0.4～0.45；经常处于重载的电梯，K 可取 0.5。

三、标准链接

◆ **GB/T 7588.1—2020**《电梯制造与安装安全规范　第 1 部分：乘客电梯和载货电梯》中关于对重装置相关规定，请扫描二维码；

◆ **GB/T 10058—2023**《电梯技术条件》中关于对重装置相关规定，请扫描二维码；

◆ **TSG T5002—2017**《电梯维护保养规则》中关于对重装置相关规定，请扫描二维码。

► 标准链接 ◄

🔧 任务实施

（一）操作前的准备

本任务操作前，主要做好如下几项准备工作。

检查工具齐全与完好，穿戴好劳动防护用品（见表 3-4-1）；基站层门外放置安全护栏及警示标识。检查机房及周边环境，清除异物，确保其通道畅通；做好工具箱及工具准备工作（见表 3-4-2）。

1. 防护工具（表 3-4-1）

表 3-4-1　防护工具一览表

安全帽	防护手套	安全鞋

2. 维保工具（表 3-4-2）

表 3-4-2　维保工具一览表

刷子	三角钥匙	清洁布
螺钉旋具	安全护栏	门阻止器

续表

	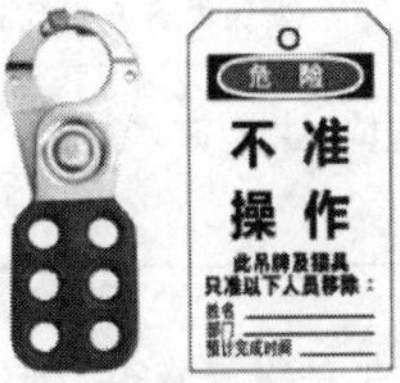	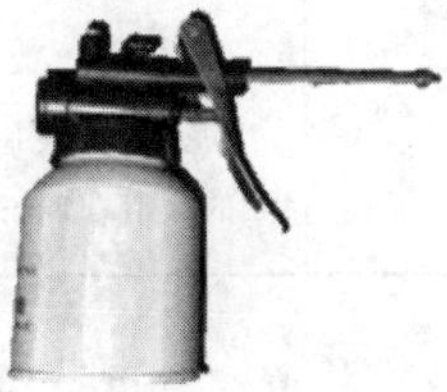
工具箱	锁扣与标识	油枪
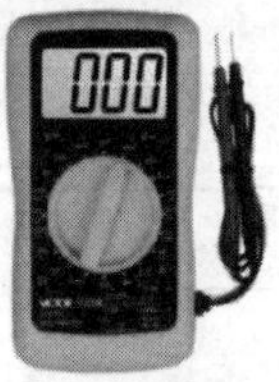		
万用表	扳手	钢尺

（二）维保操作过程

（1）对重/平衡重块及其压板（A1）维保过程见表3-4-3。

保养标准：对重块无松动，压板紧固。

表3-4-3　对重/平衡重块及其压板维保过程

步骤	维保内容及操作过程示意图
第1步	按安全操作规范进入轿厢顶，并将轿厢检修运行至对重架相应位置
第2步	检查对重导靴是否松动。 **注意**：用手前后晃动对重架，若间隙过大，则须更换导靴 
第3步	用扳手检查对重直梁上连接螺栓是否松动，若松动则紧固 
第4步	检查对重块上面压紧装置的螺栓是否松动，若松动则紧固以防对重块晃动 

续表

步骤	维保内容及操作过程示意图	
第5步	检查对重块是否破损及完成数量标记，注意其最大的数值在底部	通过标明对重块的数量或总高度等方式快速识别

（2）井道、对重、轿顶各反绳轮轴承部（A3）维保过程见表3-4-4。

保养标准：无异常声，无振动，润滑良好。

▶井道、对重、轿顶各反绳轮轴承部◀

表3-4-4　井道、对重、轿顶各反绳轮轴承部维保过程

步骤	维保内容及操作过程示意图	
第1步	保养过程检修运行时观察轿顶轮慢车运行无异常噪声	
第2步	电梯运行到井道中段合适位置时，按下急停开关	
第3步	打开轿顶轮和对重轮的防护罩，检查反绳轮轴无溢油，并清洁。轴承部加注黄油润滑	
第4步	检查挡绳杆与钢丝绳间隙。一般间隙为5~8mm，且不大于钢丝绳直径的2/3。检查并紧固其螺母	

在实训基地进行实际操作时，按步骤进行操作，并根据日常维保项目单操作中需要使用到的工具完成学生工作手册中的"工具、材料申领单"；根据作业内容以及任务分工完成学生工作手册中的"作业计划及任务分工表"；根据实际操作步骤完成学生工作手册中的"维保作业过程记录表"和"维保记录单"。

任务评价

根据安全意识、对重块及其压板维保、职业规范和环境保护、对重块及其压板维保记录单四个方面的考核细则完成学生工作手册中的"对重块及其压板保养考核评价表"。

思考与练习题

1. 简述电梯对重装置的主要作用。

2. 当电梯平衡系数不达标时，电梯会出现哪些故障或问题？

任务五　端站保护及井道位置信号装置维护保养

任务导入

　　电梯上、下行程终端限位保护装置，又称为上、下极限保护装置。它是防止电气控制失灵时轿厢蹲底或冲顶的一种安全装置。而井道位置信号装置又称为停平层感应装置。它是电梯在停靠各层站时，轿厢上感应器与井道机械支架（或元器件）相遇而产生电信号，使轿厢准确平层停靠楼层的电气装置。

　　通过本任务的学习，进一步了解终端限位保护装置等相关零部件；熟悉其装置等零部件构成及特点；掌握在维修过程中进行终端限位保护装置等相关零部件的维护保养操作流程，并且能够熟练运用相关仪器与工具；知晓在终端限位保护装置等相关零部件日常保养过程中，需要注意的相关安全事项与技术要求。

学习目标

- ☞ 严格执行维修保养标准，具有精益求精的工匠精神；
- ☞ 熟悉终端限位保护及井道位置信号装置相关零部件构成及功能；
- ☞ 掌握终端限位保护及井道位置信号装置的保养内容与保养步骤；
- ☞ 能正确地实施终端限位保护及井道位置信号装置的维护保养；
- ☞ 能正确填写终端限位保护及井道位置信号装置相关维保记录单。

相关知识

一、终端限位保护装置构成及功能

　　终端限位保护装置的功能是防止由于电梯电气系统失灵，轿厢到达顶层或底层后仍继续行驶（冲顶或蹲底），造成超出限位运行的事故。此类限位保护装置主要由强迫减速开关、终端限位开关、终端极限开关等三个开关及相应的碰板、碰轮和联动机构组成。详见图3-5-1（a）、（b）。

　　电梯的终端极限开关有两种形式。一种是根据早期标准 GB 7588—1995《电梯制造与安装安全规范》中的规定而设计的机械式电气终端极限开关，如图 3-5-1（a）所示。另一种是根据近期标准 GB 7588.1—2020《电梯制造与安装安全规范》中的规定而设计的电气式终端极限开关。不论是何种方式的终端极限开关，都是在终端限位开关动作之后才起作用，即在轿厢或对重接触缓冲器之前动作，且在缓冲器被压缩期间保持其动作状态。

　　目前，机械式电气终端极限开关早已不再使用。

二、停平层感应装置的作用

　　停平层感应装置的作用，在于当电梯轿厢按轿内或轿外指令，运行到站进入平层区时，

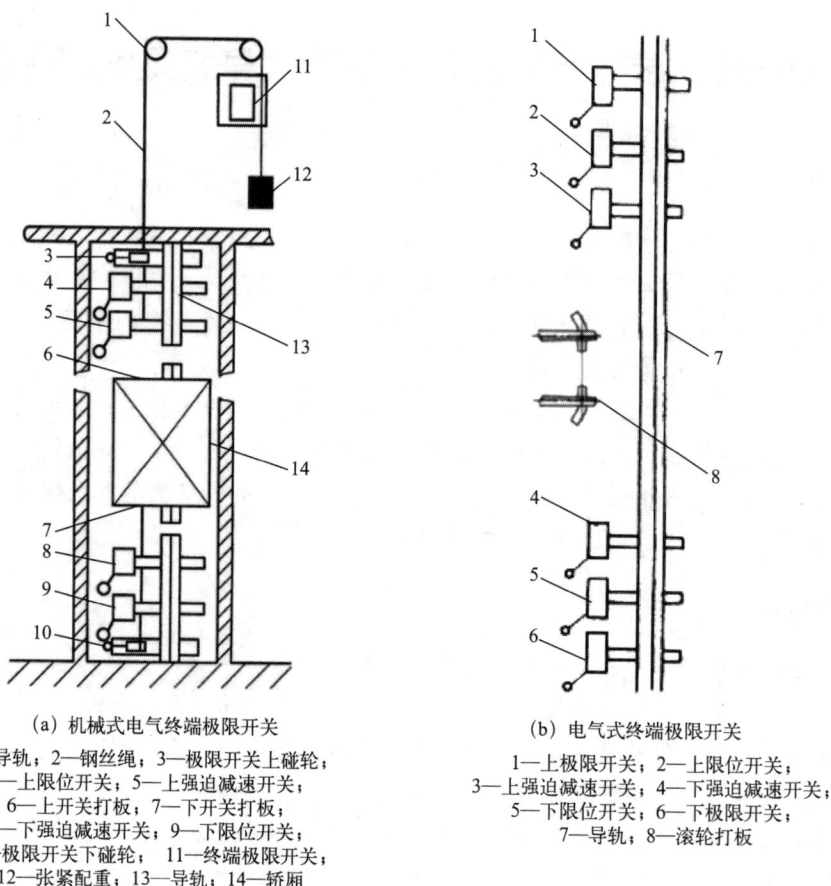

（a）机械式电气终端极限开关

1—导轨；2—钢丝绳；3—极限开关上碰轮；
4—上限位开关；5—上强迫减速开关；
6—上开关打板；7—下开关打板；
8—下强迫减速开关；9—下限位开关；
10—极限开关下碰轮；11—终端极限开关；
12—张紧配重；13—导轨；14—轿厢

（b）电气式终端极限开关

1—上极限开关；2—上限位开关；
3—上强迫减速开关；4—下强迫减速开关；
5—下限位开关；6—下极限开关；
7—导轨；8—滚轮打板

图 3-5-1　终端极限开关

平层隔磁（或隔光）板即插入感应器槽中，切断干簧管的磁回路（或遮挡电子光电感应器红外光线），而接通或断开关控制电路，控制电梯自动平层。停平层感应装置安装在轿顶上，平层隔磁（隔光）板安装在每层站平层位置附近的井道壁（或导轨）上。具体详见图 3-5-2。

图 3-5-2　停平层感应装置

三、标准链接

◆ GB/T 7588.1—2020《电梯制造与安装安全规范第 1 部分：乘客电梯和载货电梯》中关于终端限位保护装置和极限开关相关规定，请扫描二维码；

◆ GB/T 10058—2023《电梯技术条件》中关于极限开关等相关规定，请扫描二维码；

◆ TSG T5002—2017《电梯维护保养规则》中关于端站保护及井道位置信号装置相关规定，请扫描二维码。

► 标准链接 ◄

⚙ **任务实施**

（一）操作前的准备

本任务操作前，主要做好如下几项准备工作。

检查工具齐全与完好，穿戴好劳动防护用品（见表 3-5-1）；基站层门外放置安全护栏及警示标识。检查机房及周边环境，清除异物，确保其通道畅通；做好工具箱及工具准备工作（见表 3-5-2）。

1. 防护工具（表 3-5-1）

表 3-5-1　防护工具一览表

安全帽	防护手套	安全鞋

2. 维保工具（表 3-5-2）

表 3-5-2　维保工具一览表

刷子	三角钥匙	清洁布
螺钉旋具	安全护栏	门阻止器
锁具	深度游标卡尺	工具箱

续表

万用表	扳手	钢尺

（二）维保操作过程

（1）轿厢平层准确度（A1）维保过程见表 3-5-3。

保养标准：符合标准值。

微课扫一扫　▶轿厢平层准确度◀

表 3-5-3　轿厢平层准确度维保过程

步骤	维保内容及操作过程示意图
第 1 步	使用深度游标卡尺或钢板尺在每层楼检查轿厢平层误差情况
第 2 步	如果平层误差超过允许范围，则应检查误差问题： ① 在轿厢上检修运行电梯至井道的相关位置，按下急停按钮。 ② 检查感应插板安装紧固，无松动。 ③ 感应插板与感应开关的两侧侧隙应尽量均衡，感应插板与感应开关顶面的间隙为 8～15mm。 ④ 在平层位置处，插板在感应器两端的上下伸出端距离应保持或调整一致。（如果平层感应器是磁开关，要求保持或调整磁开关与橡胶磁条之间的间隙为 8～15mm。） ⑤ 清洁感应插板与感应开关两内侧面的油污及灰尘等异物
第 3 步	再次确认电梯平层准确度在 ±10mm，平层保持精度在 ±20mm

（2）上、下极限开关（A3）维保过程见表 3-5-4。

保养标准：工作正常。

微课扫一扫　▶上下极限开关保养◀

表 3-5-4　上、下极限开关维保过程

步骤	维保内容及工作过程示意图
第1步	按照电梯安全操作规范要求，进入轿顶
第2步	检查装于井道内的电气式上下行程的强迫减速开关、限位开关、极限开关的固定是否可靠，有无松动移位，动作是否灵敏
第3步	检查上下行程的强迫减速开关、限位开关、极限开关的碰轮是否动作灵活可靠，有无磨损、开裂情况
第4步	检查开关的打板（碰板）的垂直情况，有无扭曲变形；在电梯轿厢的全部行程中，碰轮不应接触除上、下碰板之外的任何物体。开关打板与碰轮接触时，其压缩量≥10mm；其滚轮应处于打板中线上
第5步	检查上下行程强迫减速开关、限位开关、极限开关的电气接线是否牢固，有无松脱
第6步	检查上下极限开关、限位开关位置。以检修速度运行时，限位开关动作距离（层门地坎与轿门地坎两平面的差距）为50～100mm，极限开关动作距离为100～200mm
上下极限保护装置可靠性试验方法	定期对上下行程的强迫减速开关、限位开关、极限开关进行可靠性试验方法： ① 对极限开关检验：先将限位开关线路短接，电梯以检修状态慢行越过限位开关，使打板直接与极限开关碰轮接触，检查极限开关能否切断电梯电源。 ② 对限位开关检验：电梯以检修状态慢行，使轿厢上的打板触动限位开关的碰轮，验证限位开关能否使电梯停止运行。 ③ 对强迫减速开关的检验：将电梯上（或下）端终点层站的层楼选层继电器或有关触点断开，人为造成在该层站不停车；电梯在该层之前相隔两层开始快速运行，当电梯越过该层平层位置而使轿厢上的打板触动强迫减速开关的碰轮时，电梯应减速并很快停下来

在实训基地进行实际操作时，按步骤进行操作，并根据日常维保项目单操作中需要使用到的工具完成学生工作手册中的"工具、材料申领单"；根据作业内容以及任务分工完成学生工作手册中的"作业计划及任务分工表"；根据实际操作步骤完成学生工作手册中的"维保作业过程记录表"和"维保记录单"。

任务评价

根据安全意识、轿厢平层准确度维保、职业规范和环境保护、轿厢平层准确度维保记录单四个方面的考核细则完成学生工作手册中的"轿厢平层准确度保养考核评价表"。

思考与练习题

1. 简述终端限位保护装置的强迫减速开关、终端限位开关及终端极限开关的作用。
2. 简述标准 GB/T 7588.1—2020 中轿厢平层准确度及平层保持精度的规定。

项目四

电梯底坑装置维护保养

任务一　缓冲器维护保养

➡️ 任务导入

当电梯在运行中，由于限速器-安全钳联动失效、曳引轮槽摩擦力不足、抱闸制动力不足、控制系统失灵等，轿厢（或对重）超越终端层站，以较高的速度撞向底层缓冲器时，缓冲器能起到一定的缓冲作用，以避免轿厢（或对重）直接蹲底或冲顶，是保护乘客和货物及电梯设备安全的最后一道屏障。

通过本任务的学习，进一步了解缓冲器工作原理、作用及类型；熟悉其结构及特点；掌握在维修过程中进行缓冲器装置的维保操作流程，并且能够熟练运用相关仪器与工具；知晓在缓冲器装置及相关零部件日常保养过程中，需要注意的相关安全事项与技术要求。

📖 学习目标

- ☞ 以小组形式完成任务，培养团队协作意识；
- ☞ 熟悉缓冲器及相关零部件的结构与功能；
- ☞ 掌握缓冲器装置及相关零部件的保养内容与保养步骤；
- ☞ 能正确地实施缓冲器装置的维护保养；
- ☞ 能正确填写缓冲器装置相关维保记录单。

✈️ 相关知识

一、缓冲器工作原理、作用及类型

1. 缓冲器工作原理

缓冲器原理就是使轿厢（对重）产生的动能、势能转化为一种无害或安全的能量形式。

采用缓冲器将使运动着的轿厢或对重在一定的缓冲行程或时间内逐渐减速停止。

2. 缓冲器作用

缓冲器是一种吸收、消耗运动轿厢或对重的能量，使其减速停止，并对其提供最后一道安全保护的电梯安全装置。

缓冲器安装在井道底坑内，有较强的承载冲击能力，缓冲器与地面垂直并正对轿厢（或对重）底面的缓冲板中心位置，且牢靠地固定在坚实的底坑地面上。

3. 缓冲器类型

缓冲器通常分为蓄能型和耗能型两种。蓄能型缓冲器又分为弹簧式缓冲器与聚氨酯缓冲器。弹簧式缓冲器又称为线性缓冲器，由于结构与成本问题，很少选用；聚氨酯缓冲器是非线性缓冲器。

二、缓冲器结构及特点

1. 蓄能型缓冲器结构及特点

弹簧式缓冲器的特点是缓冲后有回弹现象，存在缓冲不平稳的缺点，所以目前不再使用。聚氨酯缓冲器是一种新型缓冲器，其结构见图 4-1-1。它具有体积小、重量轻、软碰撞无噪声、防水防腐耐油、安装方便、易保养与维护、可减少底坑深度等特点，近年来在低速（即≤1.0m/s）电梯中得到广泛的应用。

图 4-1-1　聚氨酯缓冲器

2. 耗能型缓冲器结构及特点

耗能型缓冲器又称油压缓冲器，其结构详见图 4-1-2。它具有缓冲平稳、缓冲性能良好等优点，在使用条件相同的情况下，油压缓冲器所需的行程可以比弹簧式缓冲器减少一半，所以油压缓冲器适用于快速和高速电梯。

此外，当轿厢或对重离开其缓冲器时，其柱塞 4 在复位弹簧 3 的作用下自动复位，即在120s 之内恢复正常工作状态。

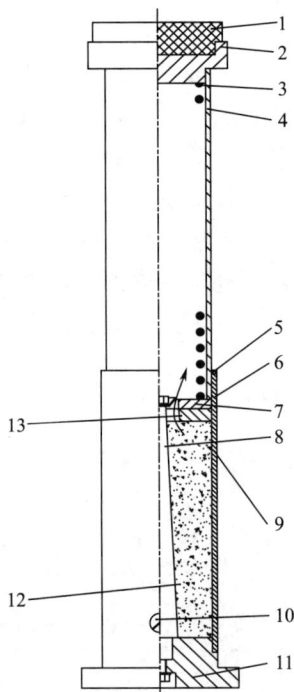

图 4-1-2　油压缓冲器

1—橡胶垫；2—压盖；3—复位弹簧；4—柱塞；
5—密封盖；6—油缸套；7—弹簧托座；
8—变量棒；9—缸体；10—放油口；
11—油缸座；12—缓冲器油；13—环形节流孔

三、标准链接

◆ **GB/T 7588.1—2020《电梯制造与安装安全规范 第 1 部分：乘客电梯和载货电梯》** 中关于缓冲器的相关规定，请扫描二维码；

◆ **GB/T 10060—2023《电梯安装验收规范》** 中关于缓冲器的相关规定，请扫描二维码；

◆ **TSG T5002—2017《电梯维护保养规则》** 中关于缓冲器相关规定，请扫描二维码。

▶ 标准链接 ◀

任务实施

（一）操作前的准备

本任务操作前，主要做好如下几项准备工作。

检查工具齐全与完好，穿戴好劳动防护用品（见表 4-1-1）；基站层门外放置安全护栏及警示标识。检查机房及周边环境，清除异物，确保其通道畅通；做好工具箱及工具准备工作（见表 4-1-2）。

1. 防护工具（表 4-1-1）

表 4-1-1　防护工具一览表

| 安全帽 | 防护手套 | 安全鞋 |

2. 维保工具（表 4-1-2）

表 4-1-2　维保工具一览表

| 刷子 | 三角钥匙 | 清洁布 |
| 螺钉旋具 | 安全护栏 | 门阻止器 |

续表

锁具	卷尺	油枪
万用表	扳手	水平尺

（二）维保过程

（1）底坑环境（A1）维保过程见表 4-1-3。

保养标准：清洁，无渗水、积水，照明正常。

微课扫一扫
▶底坑环境◀

表 4-1-3 底坑环境维保过程

步骤	维保内容及操作过程示意图
第 1 步	遵循进出底坑安全程序进入底坑
第 2 步	观察底坑是否有积水或渗水，环境是否清洁无杂物，照明是否正常
第 3 步	如果底坑有积水或渗水，禁止进入底坑保养并及时通知客户停梯协助清除，拉闸锁闭，并查找来源
第 4 步	如果底坑没有积水或渗水，则可进行正常清洁工作。 ① 底坑清洁过程中，须在电梯入口处使用门阻止器将厅门关闭，但留下 80～90mm 间隙； ② 用抹布清洁底坑所有设备上的灰尘和油污； ③ 擦拭可以触及的导轨段； ④ 如有的话，将导轨接油盘中的废油倒入金属桶中，按照废油处理程序处理，然后用棉布擦净导轨接油盘； ⑤ 用扫把清洁底坑地面，将杂物清除并运出底坑

（2）耗能缓冲器（A2）维保过程见表 4-1-4。

保养标准：电气安全装置功能有效，油量适宜，柱塞无锈蚀。

微课扫一扫
▶耗能缓冲器◀

表 4-1-4　耗能缓冲器维保过程

步骤	维保内容及操作过程示意图	
第 1 步	遵循相关安全操作程序进入机房、轿顶及底坑位置	
第 2 步	先将限位开关、极限开关短接	
第 3 步	以检修速度下降空载轿厢，将缓冲器压缩，观察电气安全装置动作是否有效	
第 4 步	检查油量是否适宜，柱塞是否锈蚀。若油量不足，应加注指定润滑油；若柱塞出现锈蚀，需及时清除柱塞锈蚀，并作防锈处理	

（3）对重缓冲距离（A3）操作过程见表 4-1-5。

保养标准：符合标准值。

▶对重缓冲◀

表 4-1-5　对重缓冲距离操作过程

步骤	维保内容及操作过程示意图	
第 1 步	将电梯开到顶层平层处	
第 2 步	使用卷尺测量对重缓冲器到对重底部距离是否符合要求： 蓄能型缓冲器到对重缓冲板距离为 200～350mm； 耗能型缓冲器到对重缓冲板距离为 150～400mm	

续表

步骤	维保内容及操作过程示意图	
第3步	确定对重防护板上缓冲器到对重缓冲板的距离及相应标记	
第4步	如果间距小于最小距离，有对重垫则拆除其对重垫；无对重垫则填写修理报告，安排截绳作业	
第5步	将检测数据及结果记录在案，以备后续保养	

（4）缓冲器（A4）维保过程见表 4-1-6。

保养标准：固定，无松动。

表 4-1-6　缓冲器维保过程

步骤	维保内容及操作过程示意图	
第1步	遵循底坑安全操作程序进入底坑	
第2步	1. 用力推拉油压缓冲器上端部，检查其是否牢固。松动时须紧固。 2. 用橡胶锤敲击聚氨酯缓冲器，检查其安装是否紧固，并检查表面有无裂纹或破损	
第3步	查看相应弹簧有无裂痕和破损	
第4步	检查其垂直度是否正确，有无变形等现象	

续表

步骤	维保内容及操作过程示意图	
第4步	油压缓冲器垂直度偏差应≤1mm（即水平面≤5/1000）	利用垂线与直角靠尺及钢板尺测量垂直度偏差＜1mm
第5步	弹簧式缓冲器若生锈，用1000目砂纸打磨掉锈迹，然后重新刷漆	
第6步	当轿厢缓冲器安装了两个时，检查两个缓冲器顶面的高度差，要求≤2mm	

　　在实训基地进行实际操作时，按步骤进行操作，并根据日常维保项目单操作中需要使用到的工具完成学生工作手册中的"工具、材料申领单"；根据作业内容以及任务分工完成学生工作手册中的"作业计划及任务分工表"；根据实际操作步骤完成学生工作手册中的"维保作业过程记录表"和"维保记录单"。

任务评价

　　根据安全意识、对重缓冲距离维保、职业规范和环境保护、对重缓冲距离维保记录单四个方面的考核细则完成学生工作手册中的"对重缓冲距离保养考核评价表"。

思考与练习题

　　1. 油压缓冲器在维保过程中，应按照哪些要求与规定进行检查？
　　2. 用卷尺测量对重缓冲器到对重底部距离时，应符合什么要求？当其数值不符合要求时，应如何处理？

任务二　限速器张紧装置与检修运行控制维护保养

任务导入

　　限速器张紧装置的作用在于张紧限速器钢丝绳，一方面使钢绳与限速器绳轮之间有足够的摩擦力，以保证绳与轮的线速度一致；另一方面避免钢绳在电梯井道里晃动造成运行干涉。因此，限速器张紧装置可以保证限速器-安全钳联动保护系统的有效工作，能保障电梯运行时的安全性和平稳性。使用时间长了之后，其装置不可避免地会出现一些磨损，为充分发挥其应有的功能，定期进行维保很有必要。

　　通过本任务的学习，进一步了解限速器张紧装置相关零部件，熟悉其装置等零部件结构及特点；掌握在维修过程中进行张紧装置等的维护保养操作流程，并能够熟练运用相关仪器与工具；知晓在井道底坑张紧装置及检修运行控制装置的日常保养过程中，需要注意的相关安全事项与技术要求。

✈ 相关知识

一、张紧装置结构组成及作用

限速器为电梯主要安全部件，由限速器本体、限速器钢绳与绳头、张紧装置等组成。而张紧装置由支架、张紧轮、重陀及断绳开关等组成。其结构详见图 4-2-1。

张紧轮的导向装置为限位导向，防止限速器绳扭转和张紧装置摆动。限速器钢丝绳无滑动地带动绳轮转动，限速器绳每一分支中的张力应不小于150N，由张紧装置来实现；限速器动作时的夹绳力应至少为带动安全钳起作用所需力的 2 倍，并不小于 300N。

为防止限速器绳断绳或过分伸长，使张紧装置在触地前失效，张紧装置底部距底坑应有合适的高度。一般低速电梯为 400mm ± 50mm；快速电梯为550mm±50mm；高速电梯为 750mm±50mm。

张紧装置的侧面装有断绳保护开关，若限速器绳断裂或限速器绳过度伸长，张紧装置的重陀（配重块）向下垂落时，断绳保护开关被触发，则切断电梯安全控制回路，使电机断电，电梯停止运行，以防止电梯在没有限速器和安全钳保护的情况下行驶。

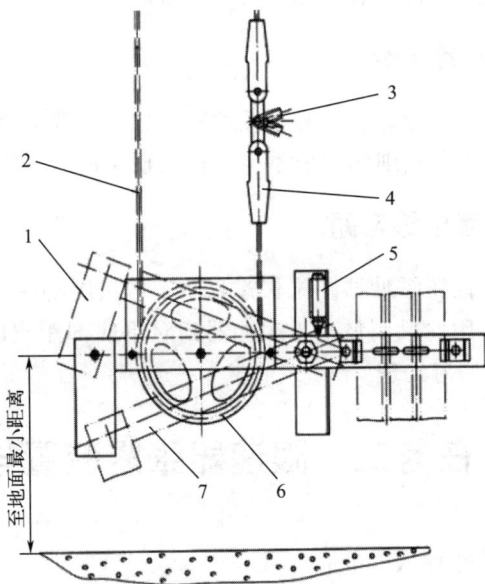

图 4-2-1　摆臂式限速器绳张紧装置
1—配重块；2—限速器绳；3—安全钳操纵杆；
4—绳头装置；5—断绳触点开关；
6—张紧轮；7—配重摆臂

二、检修运行控制装置

在原 GB 7588 标准中，底坑检修运行控制装置称为底坑停止装置，它由上/下急停开关、照明开关及检修电源插座等组成。从 2022 年 7 月 1 日起，实施新版标准 GB/T

7588.1—2020，其组成为底坑内设置的电气装置，应至少包含符合 GB/T 7588.1—2020 中 5.2.1.5.1 规定的停止装置、检修运行控制装置、电源插座和井道照明操作装置等。

也就是说，将依据底坑空间的实际状况，选用停止装置，或检修运行控制装置，或组合。而底坑检修运行控制装置与项目一任务二"了解进出轿顶操作规范"中轿顶检修运行控制装置要求一致，见图 4-2-2。

图 4-2-2　检修运行控制装置

三、标准链接

◆ **GB/T 7588.1—2020《电梯制造与安装安全规范　第 1 部分：乘客电梯和载货电梯》**中关于限速器的张紧装置相关规定，请扫描二维码；

◆ **GB/T 10060—2023《电梯安装验收规范》**中关于限速器绳与张紧装置的相关规定，请扫描二维码；

◆ **TSG T5002—2017《电梯维护保养规则》**中关于限速器张紧装置及检修运行控制装置相关规定，请扫描二维码。

▶标准链接◀

四

🔧 任务实施

（一）操作前的准备

本任务操作前，主要做好如下几项准备工作。

检查工具齐全与完好，穿戴好劳动防护用品（见表 4-2-1）；基站层门外放置安全护栏及警示标识。检查周边环境，清除异物，确保通道畅通；做好工具箱及工具准备工作（见表 4-2-2）。

1. 防护工具（表 4-2-1）

表 4-2-1　防护工具一览表

安全帽	防护手套	安全鞋

2. 维保工具（表 4-2-2）

表 4-2-2　维保工具一览表

刷子	三角钥匙	清洁布
螺钉旋具	安全护栏	门阻止器
万用表	卷尺	扳手

（二）维保操作过程

（1）底坑停止装置（A1）维保过程见表 4-2-3。

保养标准：工作正常。

表 4-2-3　底坑停止装置维保过程

步骤	维保内容及操作过程	
第 1 步	遵循底坑安全操作程序进入底坑	
第 2 步	验证上、下急停开关是否有效可靠	
第 3 步	检查急停开关及盒体外观完好，无缺失，照明灯正常	
第 4 步	检查并验证底坑停止装置其他元器件及插座工作正常，无松动及损坏	按照项目一任务二中介绍的进出底坑操作规范，进行底坑停止装置的验证

（2）限速器张紧轮装置和电气安全装置（A2）维保过程见表 4-2-4。

保养标准：工作正常。

微课扫一扫

▶底坑急停开关◀

表 4-2-4　限速器张紧轮装置和电气安全装置的维保过程

步骤	维保内容及操作过程示意图	
第 1 步	遵循底坑安全操作程序进入底坑	
第 2 步	使用毛刷清理张紧轮装置表面及周围的积尘，用棉纱清洁张紧轮表面、张紧轮槽内、电气开关及其周围的油污	
第 3 步	检查限速器张紧轮装置的位置，应该符合制造单位维护保养说明书中的要求，如不符合要求，则需要调整。 　　① 如果重坨离地还有一定距离，可调节固定支架。将固定支架向下调整至重坨下边缘至少处于水平位置。 　　② 如重坨离地已无调节空间，需收短其钢绳。一人在底坑抬高重坨到合适位置，另一人在轿顶收紧钢丝绳	
第 4 步	检查限速器张紧轮电气开关挡板位置，如挡板与电气开关之间的距离不符合技术要求或生产厂家的规定，则需要调整。 **注意：**钢绳调整时应考虑环境温差与张紧力因素，防止钢绳伸长使挡板与电气开关在电梯正常运行中接触（动作）	
第 5 步	检查电气开关应可靠固定，外观无破损，接线可靠。测试张紧装置电气开关，该开关动作时，安全回路断开，电梯应停止运行	
第 6 步	检查张紧装置的底座螺栓，应固定可靠，无松动	
第 7 步	检查张紧装置的导向装置应动作灵活，无运动阻碍，运转时无异响声	

四

在实训基地进行实际操作时，按步骤进行操作，并根据日常维保项目单操作中需要使用到的工具完成学生工作手册中的"工具、材料申领单"；根据作业内容以及任务分工完成学生工作手册中的"作业计划及任务分工表"；根据实际操作步骤完成学生工作手册中的"维保作业过程记录表"和"维保记录单"。

任务评价

根据安全意识、张紧装置维保、职业规范和环境保护、张紧装置维保记录单四个方面的考核细则完成学生工作手册中的"张紧装置保养考核评价表"。

思考与练习题

1. 限速器张紧装置的断绳保护开关应在什么条件下动作？张紧装置底部距底坑高度应满足怎样的要求？

2. 当安全钳通过安全绳触发机构触发时，应满足哪些条件？

任务三　轿厢底与安全钳维护保养

任务导入

在轿厢整体结构中，轿架除了承受轿厢体等自重外，轿厢底还要承载重物和乘客。由于安全钳及操纵机构等装置通常装设于轿架上，当电梯运行超速导致安全钳制动导轨时，为避免产生的制动力损伤轿厢和伤害乘客，要求轿架不但要具有良好的刚性和强度，还要保证其牢靠，防止各螺栓连接处松动。

通过本任务的学习，进一步了解轿厢底与安全钳相关零部件，熟悉各构件和装置的零部件组成及要点；掌握维修过程中各构件及装置等的维保操作流程，并且能够熟练运用相关仪器与工具；知晓在轿厢底与安全钳及相关零部件日常保养过程中，需要注意的相关安全事项与技术要求。

学习目标

☞ 具备团结合作、勇于克服困难的精神；
☞ 熟悉轿厢底与安全钳及相关零部件组成与作用；
☞ 掌握轿厢底与安全钳及相关零部件的保养内容与步骤；
☞ 能正确地实施轿厢底与安全钳各构件的维护保养；
☞ 能正确填写轿厢底与安全钳各构件及装置的维保记录单。

相关知识

一、轿架等相关构件组成及作用

在轿厢整体结构中，轿架作为承重结构件，由上（横）梁、下（横）梁、立（侧）梁和轿厢拉条等组成，通常采用螺栓等标准件紧固连接。轿厢底放置于下横梁上，四角通过四套轿厢拉条装置与两侧立侧梁上部连接，以保证轿厢底稳固且平整。轿架框架结构详见图4-3-1。在上、下横梁的两端与立侧梁连接处安装轿厢导靴和安全钳等构件，具体参见图4-3-2。在上横梁中部有时设有轿顶轮或绳头组合（端接）装置及安装板，上横梁或下横梁还装有安全钳操作拉杆和电气开关，在立侧梁上留有安装轿厢壁板的支架及排布有安全钳操纵拉杆等。

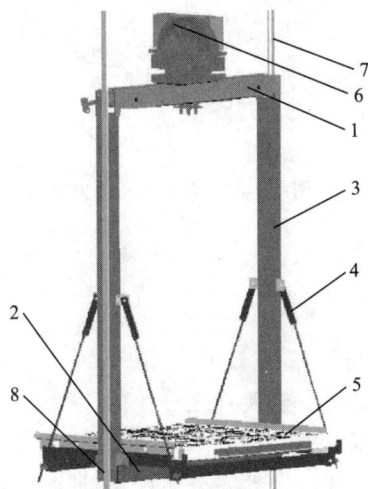

图 4-3-1　轿架框架结构

1—上横梁；2—下横梁；3—立侧梁；
4—拉条；5—轿厢底；6—轿顶轮；
7—导轨；8—安全钳

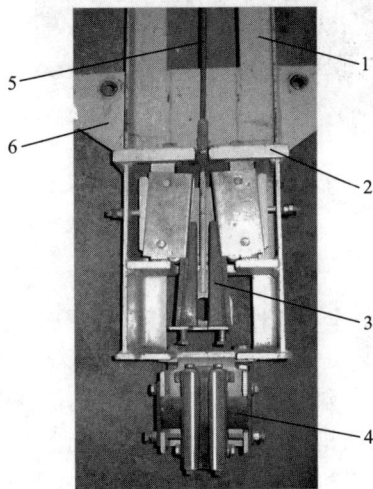

图 4-3-2　导靴和安全钳

1—立侧梁；2—安全钳座；
3—楔块；4—滑动导靴；
5—提拉杆；6—安全钳联板

二、轿厢称重装置组成及作用

为保证电梯安全可靠运行，不超载，电梯中必须装设超载称重装置，当轿厢载荷超过额定负载时（即额定载重量的110%），称重装置发出警告信号并使电梯不能启动运行。称重装置一般设置在轿底、轿顶或机房等处。根据其工作原理分为机械式、橡胶块式和传感器式等。常用的称重装置类型有以下三种。

（1）轿底式称重装置：有活动轿底式称重装置（轿厢体与轿底分离，称重装置被设在轿底与轿厢架之间）、活动轿厢式称重装置（用6～8个均匀分布在轿底框上的橡胶块作称重元件）。各结构及元器件参见图4-3-3与图4-3-4。

（2）轿顶式称重装置：以曳引钢丝绳绳头上的弹簧组作为称重传感元件或将4个橡胶块均匀安装在轿厢上横梁下面。

（3）机房式称重装置：一般用于载货电梯。

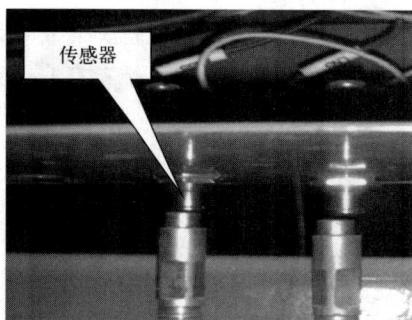

图 4-3-3　传感器式称重装置

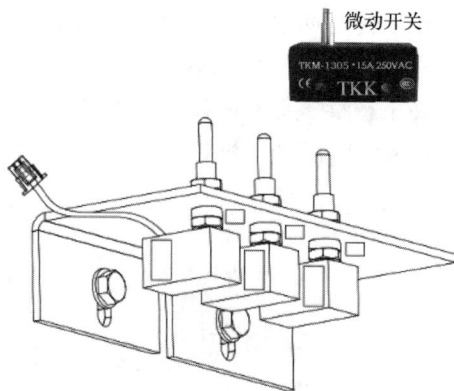

图 4-3-4　橡胶块式称重装置

三、安全钳组成及作用

安全钳与限速器一起成对使用，是电梯中最重要的安全装置之一。

当轿厢因机械或电气控制故障而超速下落时，限速器先动作，断开安全钳电气安全开关，切断曳引机电源。同时，提拉装置拉起安全钳拉杆，带动安全钳楔块动作，将轿厢卡在导轨上，阻止轿厢继续下坠，从而在电梯超速时起到安全保护作用。

四、标准链接

◆ GB/T 7588.1—2020《电梯制造与安装安全规范　第 1 部分：乘客电梯和载货电梯》中关于安全钳等相关规定，请扫描二维码；

◆ GB/T 10060—2023《电梯安装验收规范》中关于轿底等相关规定，请扫描二维码；

◆ GB/T 10058—2023《电梯技术条件》中关于称重装置等相关规定，请扫描二维码；

◆ TSG T5002—2017《电梯维护保养规则》中关于安全钳、称重装置及轿底相关规定，请扫描二维码。

►标准链接◄

⚙ 任务实施

（一）操作前的准备

本任务操作前，主要做好如下几项准备工作。

检查工具齐全、完好，穿戴好劳动防护用品（见表 4-3-1）；基站层门外放置安全护栏及警示标识。检查周边环境，清除异物，确保其通道畅通；做好工具箱及工具准备工作（见表 4-3-2）。

1. 防护工具（表 4-3-1）

表 4-3-1　防护工具一览表

安全帽	防护手套	安全鞋

2. 维保工具（表 4-3-2）

表 4-3-2　维保工具一览表

刷子	三角钥匙	水平尺
螺钉旋具	安全护栏	门阻止器
万用表	卷尺	扳手
油枪	钢尺	塞尺

（二）维保过程

（1）轿厢称重装置（A4）维保过程见表 4-3-3。

保养标准：准确有效。

表 4-3-3　轿厢称重装置维保过程

步骤	维保内容及操作过程示意图	
第 1 步	遵循底坑安全操作程序进入底坑	
第 2 步	使用毛刷清理称重装置表面及周围的积尘，用棉纱清洁电气开关上的油污	
第 3 步	检查称重装置各组件位置，应该符合制造单位维护保养说明书中的要求，如不符合要求，则需要调整。 ① 检查称重装置与轿厢底其他设备是否有干涉； ② 调节固定支架打板处于水平位置； ③ 调整打板与电气开关之间的距离	
第 4 步	检查电气开关应可靠固定，外观无破损，接线可靠	
第 5 步	用万用表测试传感器开关动作时，其电压值是否符合生产厂家的规定	
第 6 步	上述检查在空载下进行，若有问题，则用标准砝码做第二次称重试验	

（2）安全钳钳座（A4）维保过程见表 4-3-4。

保养标准：固定，无松动。

表 4-3-4　安全钳钳座维保过程

步骤	维保内容及操作过程示意图
第 1 步	用棉布及清洁剂清洁安全钳楔块
第 2 步	检查楔块表面有无磨损；清除固定楔块或活动楔块上的锈迹。检查固定轴销；用砂纸去除轴销上的锈迹，涂抹少量的润滑脂

四

续表

步骤	维保内容及操作过程示意图
第3步	检查或调整打板与电气开关之间的距离（1～2mm）；检查电气开关应可靠固定，外观无破损，接线可靠
第4步	检查各固定螺栓、螺母是否牢固；检查焊点有无脱落，有无销、键、螺钉、轴销丢失
第5步	使用塞尺检查导轨楔块的间隙是否符合生产厂家规定（通常单边2.5mm）
第6步	用机油润滑轿底处安全钳各活动部位

（3）轿底各安装螺栓（A4）维保过程见表4-3-5。

保养标准：紧固。

表 4-3-5　轿底各安装螺栓维保过程

步骤	维保内容及操作过程示意图
第1步	检查轿底拉紧螺栓和定位螺栓是否牢固；垫圈和橡胶缓冲垫位置是否正确，是否松动，若松动应紧固

微课扫一扫

▶轿底各安装螺栓◀

续表

步骤	维保内容及操作过程示意图	
第 2 步	检查橡胶缓冲垫的磨损情况。如有必要，应更换	
第 3 步	检查拉紧螺栓和定位螺栓的垂直和水平间距。如有必要，应调整	拉紧螺栓　1～2mm
第 4 步	空载时拉紧螺栓垫圈与轿厢框架间距离应为 1～2mm，在满载的情况下间距应为 2～3mm	平台　2～3mm　轿厢框架　定位螺栓
第 5 步	检查轿底与轿厢架各连接螺栓是否牢固	

在实训基地进行实际操作时，按步骤进行操作，并根据日常维保项目单操作中需要使用到的工具完成学生工作手册中的"工具、材料申领单"；根据作业内容以及任务分工完成学生工作手册中的"作业计划及任务分工表"；根据实际操作步骤完成学生工作手册中的"维保作业过程记录表"和"维保记录单"。

任务评价

根据安全意识、轿厢称重装置维保、职业规范和环境保护、轿厢称重装置维保记录单四个方面的考核细则完成学生工作手册中的"轿厢称重装置保养考核评价表"。

思考与练习题

1. 电梯常用称重装置类型有哪几种？
2. 简述电梯安全钳部件的安全保护作用。
3. 在电梯现场维护中，对乘客电梯轿厢底进行检查时，其维修步骤及规定有哪些？

项目五
电梯门系统维护保养

任务一　层门系统维护保养

▶| 任务导入

　　层门又称为厅门，安装在候梯大厅或楼层站电梯入口处。当轿厢离开层站时，层门必须保证可靠锁闭，以防止人员或其他物品坠入井道。

　　根据不完全统计，电梯发生的人身伤亡事故约有70%是由层门故障或使用不当等引起的。可见，层门能够正常开启与有效锁闭是保障电梯使用者安全的首要条件。

　　通过本任务的学习，进一步了解层门及相关零部件，熟悉层门相关零部件组成及要点；掌握在维修过程中进行层门各构件等的维保操作流程，并且能够熟练运用相关仪器与工具；知晓在层门及相关零部件日常保养过程中，需要注意的相关安全事项与技术要求。

▦ 学习目标

　　☞ 具备遵守安全作业规程、注重安全意识的工作作风；
　　☞ 熟悉层门及相关零部件组成与作用；
　　☞ 掌握层门及相关零部件的保养内容与步骤；
　　☞ 能够正确地实施层门各构件的维护保养；
　　☞ 能正确填写层门各构件及相关零部件维保记录单。

✈ 相关知识

一、层门等相关构件组成及作用

　　层门是电梯重要的安全保护机构，在结构和安全使用方面都有一定的要求。电梯层门主要由门套、门框架、门扇、上坎组件、地坎组件及其附属的部件组成，如图5-1-1所示。

层门的作用在于防止乘客和物品坠入井道或与井道相撞，避免乘客或货物未能完全进入轿厢而被运动的轿厢剪切等危险事件发生。

层门是设置在层站入口的封闭门，当轿厢不在该层门开锁区域时，层门保持锁闭；此时如果强行开启层门，层门上装设的机械-电气联动门锁会切断电梯安全控制回路，电机断电停止转动，使轿厢停驶。

层门的开启（或关闭），必须是在轿厢进入该层站开锁区域，轿门与层门重叠时，随轿门驱动而开启（或关闭）。故轿门是主动门，层门为被动门，只有轿门、层门完全关闭后，电梯才能运行。

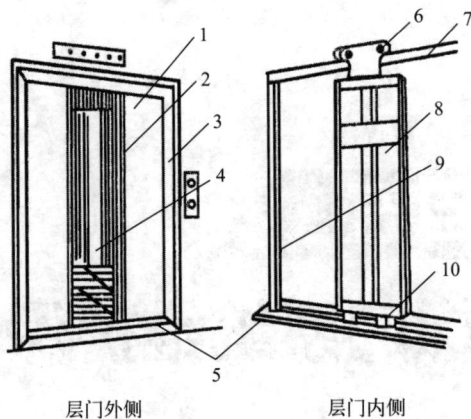

层门外侧　　　　层门内侧

图 5-1-1　层门结构

1—层门；2—轿厢门；3—门套；4—轿厢；
5—层门地坎；6—门滑轮；7—上坎组件；
8—门扇；9—门框立柱；10—门滑块（门靴）

二、层门的结构型式

电梯门当前主要有 4 种型式，即滑动门、折叠门、旋转门及铰链门（推拉门），当前普遍采用的是滑动门。滑动门按其开门方向又可分为中分式、旁开式和直分式三种。且层门在配套过程中，必须和轿门是同一类型式。

三、标准链接

◆ GB/T 7588.1—2020《电梯制造与安装安全规范　第 1 部分：乘客电梯和载货电梯》中关于层门等相关规定，请扫描二维码；

◆ GB/T 10060—2023《电梯安装验收规范》中关于层门和层站等相关规定，请扫描二维码；

◆ GB/T 10058—2023《电梯技术条件》中关于层门等相关规定，请扫描二维码；

◆ TSG T5002—2017《电梯维护保养规则》中关于层门等相关规定，请扫描二维码。

► 标准链接 ◄

⚙ **任务实施**

（一）操作前的准备

本任务操作前，主要做好如下几项准备工作。

检查工具齐全、完好，穿戴好劳动防护用品（见表 5-1-1）；基站层门外放置安全护栏及警示标识。检查周边环境，清除异物，确保其通道畅通；做好工具箱及工具准备工作（见表 5-1-2）。

1. 防护工具（表 5-1-1）

表 5-1-1　防护工具一览表

安全帽	防护手套	安全鞋

2. 维保工具（表 5-1-2）

表 5-1-2　维保工具一览表

刷子	三角钥匙	钢尺
螺钉旋具	安全护栏	门阻止器
锁具	卷尺	塞尺
万用表	扳手	水平尺

(二) 维保操作过程

（1）层门和轿门旁路装置（A1）操作过程见表5-1-3。

保养标准：工作正常。

表 5-1-3　层门和轿门旁路装置操作过程

步骤	维保内容及操作过程示意图			
第1步	维保前，严格遵循电梯现场安全规范操作，并仔细熟悉表中的旁路装置状态说明，对照控制柜中旁路装置的标识进行操作			
	端子定义	S1　ON	S1　OFF	
		S2　OFF	S2　OFF	S2 左端　ON · S2 右端　ON
	输入点信号状态	X4/X9 亮	X4/X9 灭	
	对应功能状态	正常/自动	强制紧急电动 · 旁路层门锁回路 · 旁路轿门锁回路	
	对应图示状态		· ·	
第2步	旁路插头从 S1 拔出，电梯进入强制紧急电动且旁路状态，插入 S2 对应旁路层门位置时，层门锁回路被短接，只允许关门到位状态下紧急电动或检修运行，运行过程中声光报警装置动作			
第3步	旁路插头从 S2 对应的旁路层门位置拔出，电梯进入强制紧急电动且旁路状态，插入 S2 旁路轿门对应位置时，轿门锁回路被短接，只允许关门到位状态下紧急电动或检修运行，运行过程中声光报警装置动作			
第4步	操作结束后，将旁路插头插回到 S1 位置，电梯恢复正常状态			

（2）层门地坎及上坎（A1）维保过程见表5-1-4。

保养标准：清洁。

表 5-1-4　层门地坎及上坎维保过程

步骤	维保内容及操作过程示意图	
第1步	进入轿顶，清洁层门上坎、门导轨工作表面，特别是门锁电气接入端子板	

续表

步骤	维保内容及操作过程示意图	
第 2 步	清理上坎门挂板位置的卫生	
第 3 步	清理门导轨异物、灰尘或锈蚀，手动开关门，确认导轨光滑无异物	
第 4 步	关闭层门，恢复急停，电梯下行到保养地坎的合适高度	
第 5 步	检查地坎，保证固定无松动	
第 6 步	打开层门，清理各层门地坎滑块槽卫生，确认无颗粒异物，目测清洁	

（3）层门自动关门装置（A1）维保过程见表 5-1-5。

保养标准：正常。

表 5-1-5　层门自动关门装置维保过程

步骤	维保内容及操作过程示意图	
第 1 步	检查自动关门功能：不带动轿门时，手动开门到任何位置，松手时厅门都能自动关门到底，并且锁钩啮合、门锁触点闭合正常	
第 2 步	检查强迫关门重锤钢丝绳防跳间隙≤1mm。钢丝绳无断丝、生锈、扭曲	
第 3 步	检查并紧固厅门各部位螺栓等	

续表

步骤	维保内容及操作过程示意图	
第 4 步	层门开关门时无异常噪声	
第 5 步	检查门绳轮无开裂、变形	
第 6 步	检查重锤防坠落装置或拉伸弹簧装置有效	
第 7 步	检查重锤套管安装牢固无松动，且运行时在套管内无卡阻现象	

（4）层门门锁自动复位（A1）操作过程见表 5-1-6。

保养标准：用层门钥匙打开手动开锁装置释放后，层门门锁能自动复位。

表 5-1-6　层门门锁自动复位操作过程

步骤	维保内容及操作过程示意图	
第 1 步	轿顶检修下行，运行到适当位置，按下急停按钮	
第 2 步	检查三角锁紧固螺母是否紧固正常	
第 3 步	手动顶起三角锁，动作灵活，锁钩脱钩正常	

续表

步骤	维保内容及操作过程示意图
第 4 步	打开层门，检查三角钥匙动作锁钩情况，动作灵活无卡阻现象，锁钩复位正常
第 5 步	恢复急停，检测每层楼的门锁开关在上下行程中是否正常
第 6 步	走出轿顶，在厅外用三角钥匙打开锁钩，检查锁钩是否自动复位，动作灵活可靠

（5）层门门锁电气触点（A1）维保过程见表 5-1-7。

保养标准：清洁，触点接触良好，接线可靠。

表 5-1-7 层门门锁电气触点维保过程

步骤	维保内容及操作过程示意图
第 1 步	检查触点接触良好。如有生锈、烧灼等接触不良现象，先断电，再用 400 目砂纸清理并擦拭干净。必要时可更换触点
第 2 步	主门锁触点弹簧片压缩量应为 5～7mm
第 3 步	副门锁触点压缩量应为 5～6mm，触点在锁孔中间，不碰触点盒
第 4 步	副门锁触点应保证在扒门时仍至少有 2mm 的压缩量
第 5 步	门关闭后，触点与锁盒至少有 1mm 间隙，不应紧贴在锁盒上
第 6 步	检查主、副门锁触点处接线是否紧固

五

（6）层门锁紧元件啮合长度（A1）维保过程见表 5-1-8。

保养标准：不小于 7mm。

表 5-1-8　层门锁紧元件啮合长度维保过程

步骤	维保内容及操作过程示意图	
第 1 步	检查门锁及门锁固定锁钩坚固无松动，手动打开锁钩，慢慢放下，检查是否啮合达到 7mm 后门锁才可接通	
第 2 步	静触片压缩量不小于 4mm	
第 3 步	活动锁钩与锁舌（固定锁钩）间隙为 1.5～2mm。如果锁钩间隙不符合要求，则松动门扇上的锁钩调整间隙。如果仅仅调整活动锁钩无效，则可调整层门上坎上的锁钩位置	
第 4 步	活动锁钩应啮合在锁舌（固定锁钩）的中间位置	
第 5 步	厅门动触片与静触片啮合居中（从里面、外面方向看）	
第 6 步	目测检查门锁滚轮是否有磨损、脱胶松动或变形	
第 7 步	检查门锁复位压缩弹簧无异常并保持足够的弹力。必要时调整其压缩长度	

（7）层门系统中传动钢丝绳、链条（A2）维修保养见表 5-1-9。

保养标准：按照制造单位要求进行清洁、调整。

表 5-1-9　层门系统中传动钢丝绳、链条维修保养

步骤	维保内容及操作过程示意图	
第 1 步	目测钢丝绳是否有锈蚀、扭结、断丝。视磨损情况，确定是否更换	
第 2 步	在门钢丝绳上加以 1kg 左右之力（约 10N），右图所示的 a 值，应小于门绳轮径的 3%。如果不符合要求，使用扳手调整绳头压缩弹簧的压缩量及检查双螺母是否紧固	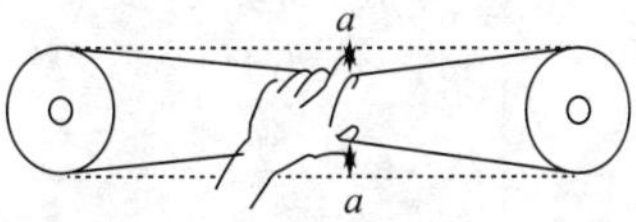
第 3 步	检查连接螺杆开口销是否缺失及绳轮是否损坏等。如有必要则更换	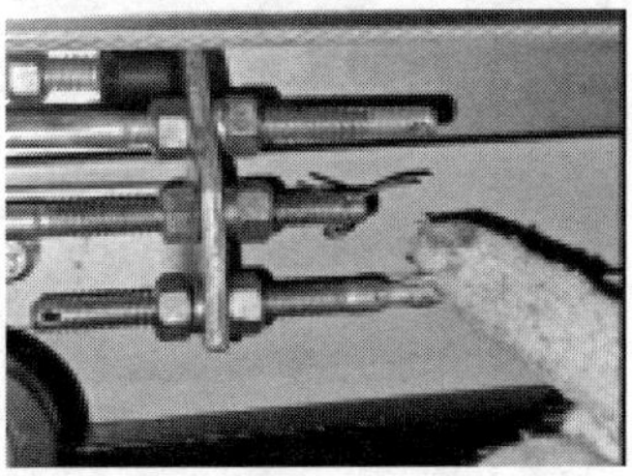

（8）消防开关（A2）维保过程见表 5-1-10。

保养标准：工作正常，功能有效。

表 5-1-10　消防开关维保过程

步骤	维保内容及操作过程示意图	
第 1 步	查看消防开关各部位有无影响正常使用的变形或破裂；清洁其表面，确保标记清晰	
第 2 步	验证消防开关功能正常，其装置固定可靠。否则，应重新检查及调整	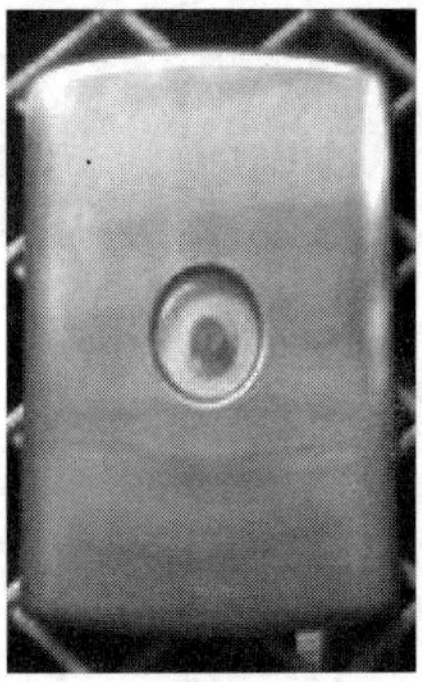

（9）层门门导靴（门滑块）（A2）维保过程见表 5-1-11。

保养标准：磨损量不超过制造单位要求。

表 5-1-11　层门门导靴（门滑块）维保过程

步骤	维保内容及操作过程示意图	
第1步	晃动门扇检查门滑块间隙，间隙较大时拆除滑块检查滑块磨损量，测量磨损超过 2mm（单面磨损超过 1mm）时需更换门滑块。如果无法晃动，那么是滑块压紧了滑块槽，需拆除滑块检查门板的平面度并校正	
第2步	验证门滑块嵌入地坎槽深度 10～12mm，离地坎槽底部不小于 3mm	
第3步	检查门滑块固定可靠，无螺钉、弹性垫片缺失	

（10）层门、轿门门扇（A3）维保过程见表 5-1-12。

保养标准：门扇各相关间隙符合标准值。

表 5-1-12　层门、轿门门扇维保过程

步骤	维保内容及操作过程示意图	
第1步	目视检查层门和轿门表面无变形、划伤；如有污物须清洁干净	
第2步	手持门间隙塞规或塞尺，检查门扇与门套两侧及顶面的间隙为 4～6mm	
第3步	手持门间隙塞规或塞尺，检查门板下端面与地坎的间隙为 4～6mm	

续表

步骤	维保内容及操作过程示意图	
第4步	使用钢板尺检查门扇平面度在1mm以内。两扇门上下门缝间隙均匀，不超过2mm	

（11）层门装置和地坎（A4）维保过程见表5-1-13。

保养标准：无影响正常使用的变形，各安装螺栓紧固。

表 5-1-13 层门装置和地坎维保过程

步骤	维保内容及操作过程示意图	
第1步	查看层门装置和地坎各部位有无影响正常使用的变形。检查地坎水平度≤2/1000，否则应调整满足其要求	
第2步	检查层门装置和地坎各安装螺栓是否紧固，特别应检查紧固地坎托架的膨胀螺栓有无松动，确保其牢固可靠	

在实训基地进行实际操作时，按步骤进行操作，并根据日常维保项目单操作中需要使用到的工具完成学生工作手册中的"工具、材料申领单"；根据作业内容以及任务分工完成学生工作手册中的"作业计划及任务分工表"；根据实际操作步骤完成学生工作手册中的"维保作业过程记录表"和"维保记录单"。

任务评价

根据安全意识、层门锁紧元件啮合长度维保、职业规范和环境保护、层门锁紧元件啮合长度维保记录单四个方面的考核细则完成学生工作手册中的"层门锁紧元件啮合长度保养考核评价表"。

思考与练习题

1. 电梯常用层门结构有哪几种？滑动门开门形式又分为哪几种？

2. 简述电梯维修时应用层门和轿门旁路装置的操作方法。

3. 当层门在锁住位置和轿门在关闭位置时，所有层门及其门锁和轿门的机械强度应满足哪些要求？

任务二　轿门及其门机驱动装置维护保养

➡️ 任务导入

电梯门系统通常由轿门、层门、开关门机构及其附属的部件等组成。可见，轿门不仅是乘客或货物进出轿厢的通道，也是电梯重要的一道安全保护屏障。轿门设置在靠近层门一侧，安装在轿厢入口处，由轿厢顶部的开关门机构驱动而开闭，同时带动层门开闭。

本任务旨在通过学习，进一步了解轿门及相关零部件，并熟悉其组成及特点；掌握在维修过程中进行轿门各构件等的维保操作流程，并且能够熟练运用相关仪器与工具；知晓在轿门及相关零部件日常保养过程中，需要注意的相关安全事项与技术要求。

📖 学习目标

☞ 具备日常的服务意识；
☞ 熟悉轿门与门机驱动装置等的组成与作用；
☞ 掌握轿门与门机驱动装置等相关零部件的保养内容与步骤；
☞ 能正确地实施轿门和门机的维护保养；
☞ 能正确填写轿门和门机驱动装置整体运行维保记录单。

🚀 相关知识

一、轿门组成及结构特点

轿门通常由门扇、自动门机、开门联动机构及近门保护装置等组成。轿门设置安装在轿厢入口处，是随同轿厢一起运行的门，乘客在轿厢内部只能见到轿门，供乘客和货物进出。轿门设有开门联动装置门刀，而门刀与层门门锁滚轮配合，在自动门机的作用下，轿门带动层门运动。

为了防止电梯在关门时将人夹住，在轿门上常设有关门安全保护机构，谓之近门保护装置。当轿门在关闭过程中遇到阻碍时，会立即反向运动，将门打开，直至阻碍消除后再完成关闭。常用的近门保护装置有非接触式光幕、有接触式安全触板等。

二、轿门自动开关门机构

电梯开关门机构的性能优劣，直接关系到电梯运行的可靠性。同时，它也是电梯门系统开关门故障的高发区。常见的自动开关门机构有直流调压调速驱动门机、交流调压调速驱动门机及交流永磁变频调速驱动门机等三种，通常由电机、调速装置或减速机构、门机架、开门联动机构及轿门上坎组件等组成。交流永磁变频调速驱动门机，如图 5-2-1 所示。

图 5-2-1 交流永磁变频调速驱动门机

1—永磁同步电机；2—调速装置；3—门机架；4—门导轨；5—门刀；

6—轿门开门限制装置；7—门扇；8—联动机构

三、标准链接

◆ GB/T 7588.1—2020《电梯制造与安装安全规范 第 1 部分：乘客电梯和载货电梯》中关于轿门和开关门机构的相关规定，请扫描二维码；

◆ GB/T 10058—2023《电梯技术条件》中关于轿门等相关规定，请扫描二维码；

◆ TSG T5002—2017《电梯维护保养规则》中关于轿门等相关规定，请扫描二维码。

► 标准链接 ◄

🛠 任务实施

（一）操作前的准备

本任务操作前，主要做好如下几项准备工作。

检查工具齐全与完好，穿戴好劳动防护用品（见表 5-2-1）；基站层门外放置安全护栏及警示标识。检查周边环境，清除异物，确保其通道畅通；做好工具箱及工具准备工作（见表 5-2-2）。

1. 防护工具（表 5-2-1）

表 5-2-1 防护工具一览表

安全帽	防护手套	安全鞋

2. 维保工具（表 5-2-2）

表 5-2-2　维保工具一览表

刷子	三角钥匙	钢尺
螺钉旋具	安全护栏	门阻止器
锁具	卷尺	塞尺
万用表	扳手	水平尺

（二）维保操作过程

（1）轿门防撞击保护装置（安全触板，光幕、光电等）（A1）维保过程见表 5-2-3。
保养标准：功能有效。

表 5-2-3　轿门防撞击保护装置（安全触板，光幕、光电等）维保过程

步骤	维保内容及操作过程示意图	
第 1 步	揿按电梯关门开关，使电梯自动关门，用工具轻轻碰撞安全触板，使安全触板开关动作，观察门是否重开，验证安全触板功能是否有效；若有问题，要检查与调整	

续表

步骤	维保内容及操作过程示意图	
第2步	同上使电梯关门，用工具遮挡光幕或光电，观察门是否重开，验证光幕或光电功能是否有效。若有问题，需检查与调整	

（2）轿门门锁电气触点（A1）维保过程见表5-2-4。

保养标准：清洁，触点接触良好，接线可靠。

表 5-2-4　轿门门锁电气触点维保过程

步骤	维保内容及操作过程示意图	
第1步	电梯以正常速度运行，观察电梯关门过程是否正常	
第2步	电梯在检修状态下，查看轿门关闭的电气安全装置工作是否正常	
第3步	检查各触点接触良好，接线牢固。如有生锈、烧灼等接触不良现象，先断电，再用 400 目砂纸清理并擦拭干净。必要时更换装置	

（3）轿门运行（A1）维保过程见表5-2-5。

保养标准：开启和关闭工作正常。

表 5-2-5　轿门运行维保过程

步骤	维保内容及操作过程	
第1步	电梯轿顶检修运行高出层门 300～500mm 时按下急停；保证轿厢护脚板延伸到层门地坎以下	

五

续表

步骤	维保内容及操作过程	
第2步	先手动拉开或关闭轿门，检查轿门运行无异常	
第3步	给门机通电，电动开关门时无异常声音，运行平稳	
第4步	检查轿门滑块嵌入地坎槽 10～12mm，离地坎槽底部不小于 3mm；晃动门扇检查门滑块间隙，间隙较大时，拆除滑块检查滑块磨损量超过 2mm（单面磨损超过 1mm），则需更换门滑块。若滑块压紧了滑块槽，需拆除滑块检查门板的平面度并校正	

（4）验证轿门关闭的电气安全装置（A2）操作过程见表 5-2-6。

保养标准：工作正常。

表 5-2-6　验证轿门关闭的电气安全装置操作过程

步骤	维保内容及操作过程示意图	
第1步	电梯轿顶检修运行到合适位置，按下急停	
第2步	确保门锁回路无电压时，利用万用表电压挡测量，确保无电压后使用电阻挡测量，检查接触是否充分	
第3步	检查其电气安全装置固定架或打板无松动，牢固可靠	

（5）轿门系统中传动钢丝绳、链条、传动带（A2）维保过程见表 5-2-7。

保养标准：按照制造单位要求进行清洁、调整。

表 5-2-7　轿门系统中传动钢丝绳、链条、传动带维保过程

步骤	维保内容及操作过程示意图	
第1步	将轿厢检修下降，使门刀脱离门锁滚轮，厅外打开层门	
第2步	用干净的刷子清洁传动带与轿门导轨	

续表

步骤	维保内容及操作过程示意图	
第 3 步	目视检查传动带张紧正常，无缺齿、开裂；带轮无开裂	
第 4 步	使用扳手检查传动带压板接头螺钉，紧固无松动	
第 5 步	用扳手紧固固定支架螺钉	
第 6 步	手动开关门时带轮转动无异声	
第 7 步	检查开关门时，传动带应在轮子中间，传动带的边缘不得与轮子两侧摩擦	
第 8 步	用手在传动带中间位置上加 1kg 左右的力（约 10N），上、下传动带应有约 5mm 的偏差。如果传动带过松或过紧，则需适度调整其松紧度	

（6）轿门开门限制装置（A3）维保过程见表 5-2-8。

保养标准：工作正常。

表 5-2-8　轿门开门限制装置维保过程

步骤	维保内容及操作过程示意图	
第 1 步	将轿厢检修下降，使门刀脱离门锁滚轮，厅外打开层门	
第 2 步	检查防扒叶片与轿门头上的止动轮间隙：5～11mm	

续表

步骤	维保内容及操作过程示意图	
第3步	检查其锁钩进出方向的啮合尺寸≥10mm（含锁钩板厚）	
第4步	在正常开关门状态下，确认防扒叶片与轿门头上锁钩上下间隙≥3mm	
第5步	确保防扒叶片与厅门挂板上止动轮啮合距离≥7mm；检查防扒叶片侧面垂直度≤1mm	
第6步	验证确保防扒叶片端面与厅门地坎距离为8～12mm；清洁各构件	

在实训基地进行实际操作时，按步骤进行操作，并根据日常维保项目单操作中需要使用到的工具完成学生工作手册中的"工具、材料申领单"；根据作业内容以及任务分工完成学生工作手册中的"作业计划及任务分工表"；根据实际操作步骤完成学生工作手册中的"维保作业过程记录表"和"维保记录单"。

任务评价

根据安全意识、轿门运行维保、职业规范和环境保护、轿门运行维保记录单四个方面的考核细则完成学生工作手册中的"轿门运行保养考核评价表"。

思考与练习题

1. 简述轿门的结构特点。

2. 动力驱动的自动门应满足哪些要求？

3. 叙述轿门开门限制装置保养步骤。

电梯维修模块

项目六

电梯电气系统常见故障诊断与维修

任务一 安全与门锁回路故障诊断与维修

任务导入

在电梯的日常维修保养中，遇到的电梯故障大部分为电梯电气故障，而电气故障中最常见的是安全回路和门锁回路故障。本任务将学习电梯安全与门锁回路故障的诊断及维修方法。

学习目标

☞ 养成较强的口头与书面表达能力、人际沟通能力；

☞ 熟悉电梯各电气安全开关的作用；

☞ 掌握识读电梯安全与门锁回路原理图；

☞ 能分析安全与门锁电路的组成及工作原理；

☞ 能对安全与门锁回路进行故障判断与排除。

相关知识

一、安全与门锁电路组成及作用

早期标准 GB 7588—2003《电梯制造与安装安全规范》❶ 规定：电梯安全回路是指串联所有电气安全装置的回路。当一个或几个安全部件开关满足安全回路要求的安全触点时，它能够直接切断电梯驱动主机的供电。

安全回路由安全保护开关回路、门锁保护开关回路组成。安全保护开关回路主要由相序

---

❶ 该标准现已废止，被 GB/T 7588.1—2020、GB/T 7588.2—2020 代替部分。

保护开关、机房急停开关、主机急停开关、盘车轮保护开关、限速器保护开关、轿顶急停开关、安全钳开关、底坑急停开关、各层站急停开关等安全开关组成，主要作用是对电梯各个安全保护装置提供电气监控保护。门锁保护开关回路是由轿门门锁开关、轿门副门锁开关、各层门门锁开关、各层门副门锁开关组成，主要作用是对电梯轿门、厅门的闭合提供电气监控保护作用（安全开关的类型及作用见表 6-1-1）。电梯种类繁多，不同的梯型安全门锁电路也不尽相同，较为常见的有以下两种：

（1）将安全开关串联起来驱动一个继电器（安全继电器），将门电气联锁开关串联起来驱动另一个继电器（门锁继电器），安全继电器、门锁继电器均吸合时则认为电梯处于安全状态，电梯供电正常，允许电梯正常运行。

（2）把安全开关、门电气联锁开关直接串联起来接入主板，作为主板检测信号，主板接收到信号则认为电梯处于正常状态，可以运行。

表 6-1-1　安全开关类型及作用

安全开关类型	安全开关作用
限速器开关 （包括限速器断绳开关）	当电梯的速度超过额定速度一定值（至少等于额定速度的115%）时，其动作能导致安全钳起作用
急停开关	包括轿顶急停、控制柜急停、底坑急停开关，能够停止电梯运行
底坑缓冲器开关	该装置位于井道底部，设置在轿厢和对重的行程底部极限位置。缓冲器动作后，需回复至其正常伸长位置后，电梯才能正常运行，此开关便是用于检查缓冲器是否正常复位的开关装置
上、下极限联锁开关	当轿厢运行超越平层磁感应装置时，在轿厢或对重装置未接触缓冲器之前，强迫切断主电源和控制电源的非自动复位的安全装置。该装置设置在尽可能接近端站时起作用而无误动作危险的位置上。该开关应在轿厢或对重（如有）接触缓冲器之前起作用，并在缓冲器被压缩期间保持其动作状态。极限开关动作后，电梯不能自动恢复运行
安全钳开关	检测限速器是否动作。当限速器动作时，能使轿厢或对重处于停止运行状态，并能夹紧在导轨上的机械安全装置
安全窗开关	轿厢安全窗设有手动上锁的安全装置，如果锁紧失效，该装置能使电梯停止。只有在重新锁紧后，电梯才有可能恢复运行
厅门、轿门联锁开关	厅门、轿门关闭后锁紧，同时接通控制回路，轿厢方可运行。其作用是保证当电梯轿厢停靠在某层站时，其他层站的厅门是被有效锁紧的，一旦被开启，则电梯不能正常启动或保持运行
盘手轮开关（可选）	当电梯发生故障，轿厢停靠在两层站之间时，切断盘手轮开关，松开制动器，转动盘手轮，可使轿厢到达较近的层站
热继电器	防止电动机过载后被烧毁
相序继电器	电源错相断相保护

二、电脑安全保护电路的工作原理

NICE3000 一体化控制器电梯安全保护电路如图 6-1-1 所示。由图可见，由变压器出来的 110V 交流电源接入 NF3/2，将有关电器的触点串联后接入主板 X25、X26、X27（强电检测端子），同时驱动安全接触器和门锁接触器线圈。若任一电器的触点（因故障或在维修时人为）断开，则主板 X25、X26、X27 无法检测到 110V 交流电压，同时安全接触器和门锁接触器线圈无法得电吸合。

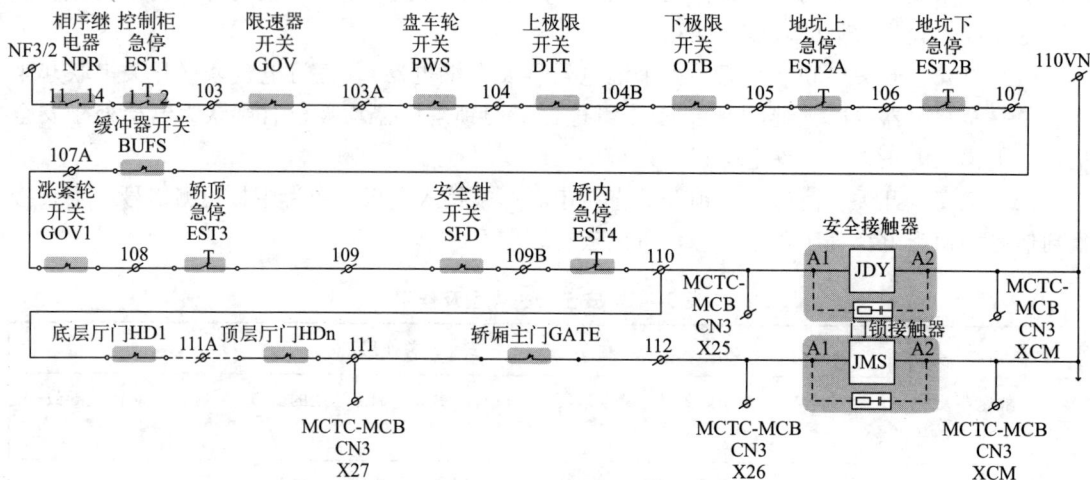

图 6-1-1　电梯安全保护电路

三、常见的电气故障排查方法

电路故障点的排查方法有很多，比如有电阻法、电压法以及短接法（极少用）等。

电阻法，是在线路已断电情况下，利用万用表电阻挡进行测量，判断开关或线路的通断情况。测量过程中，把万用表表笔放在被测开关或线路两端，如果万用表显示电阻较小或为零则不存在故障，反之则存在故障。对于较长的线路，将一端接地，另一端用万用表测量对地电阻，这样可以解决长线路的测量问题。

电压法，就是在上电的情况下利用万用表电压挡进行检测。万用表的挡位要根据电路的电源进行选择，交流使用交流电压挡，直流采用直流电压挡。万用表量程也根据电路实际使用电流来选择。对于直流电压的测量，注意黑表笔应放在负极，红表笔放在正极，交流电压测量则不影响。

⚙ 任务实施

（一）故障现象

当安全与门锁回路发生故障时，电梯无法正常运行，同时可观察到安全继电器（JDY）、门锁继电器（JMS）无法吸合，主板 X25、X26、X27 信号灯不亮，主板显示相应安全回路故障代码。

（二）故障分析

安全与门锁电路常见的故障有以下几类：安全开关动作、安全开关接触不良、相序继电器故障、线路开路、门电气联锁开关接触不良等。造成安全开关动作的常见原因有：

（1）电梯超速，限速器、安全钳开关动作。

（2）电梯冲顶或蹲底导致极限开关动作。

（3）限速器钢丝绳跳出绳槽或钢丝绳过长，导致张紧轮重锤过低，限速器断绳开关（张紧轮开关）动作。

（4）限速器超速动作、限速器失油误动作、地坑绳轮失油、地坑绳轮有异物（如老鼠等）卷入、安全楔块间隙太小等，导致安全钳开关动作。

（5）机房、轿厢或底坑的急停开关，可能因维修人员在完成维修工作后疏忽忘记恢复，或者被无关人员按下。

（6）相序继电器触点断开。电梯电源有错相或缺相，引起相序继电器动作并点亮红色警报灯（正常绿色灯），从而使相序继电器串联在安全回路的常开触点断开。

（7）安全开关接触不良。安全开关接触不良常常是因为开关触点接触不佳，导致触点打火、烧焦，从而无法良好接通安全开关；接线松动、线路断裂等也可能导致线路接触不良。

（8）热继电器动作。电梯超载或者主机故障导致曳引机长时间处于超负载运行或堵转，造成热继电器的热敏元件过热，热继电器动作，串联在安全回路的常开触点断开，也会导致安全回路不通。

（9）门锁断开或接触不良。门锁回路常见故障的原因有：①电梯停止层的门锁故障；②用三角钥匙打开层门时，门锁电气联锁开关没有闭合；③门电气联锁开关接触不良。

（三）故障排除

（1）维修过程（电阻法）见表 6-1-2。

表 6-1-2 电阻法维修操作步骤

步骤	操作过程
第 1 步	确认故障。利用万用表电阻挡测量 NF3/2 引脚与 NPR 引脚、NPR 引脚与 112 引脚之间的电阻。若电阻其中之一是无穷大或极大，则安全门锁电路确实存在故障；若电阻都为零或较小，则不存在故障
第 2 步	判断故障点回路。利用万用表电阻挡测量 103 引脚与 110 引脚、110 引脚与 112 引脚之间的电阻。若 103 引脚与 110 引脚之间电阻无穷大或极大，则安全回路存在故障；若 110 引脚与 112 引脚之间电阻无穷大或极大，则门锁回路存在故障
第 3 步	查找安全回路故障。利用万用表电阻挡测量 103 引脚与 104 引脚、104 引脚与 108 引脚、108 引脚与 110 引脚之间的电阻。若 103 引脚与 104 引脚之间电阻无穷大或极大，则机房安全开关存在故障；若 104 引脚与 108 引脚之间电阻无穷大或极大，则井道安全开关存在故障；若 108 引脚与 110 引脚之间电阻无穷大或极大，则轿厢安全开关存在故障。找出故障空间位置后进入相应空间逐个测量，直到确定故障点为止
第 4 步	查找门锁回路故障。利用万用表电阻挡测量 110 引脚与 111 引脚、111 引脚与 112 引脚之间的电阻。若 110 引脚与 111 引脚之间电阻无穷大或极大，则厅门电气联锁开关存在故障；若 111 引脚与 112 引脚之间电阻无穷大或极大，则轿门电气开关存在故障。找出故障空间位置后进入相应空间逐个测量，直到确定故障点为止

（2）维修过程（电压法）见表 6-1-3。

表 6-1-3　电压法维修操作步骤

步骤	操作过程
第 1 步	用万用表的交流电压 250V 挡测量 NF3/2、110VN 两点之间的电压。若有电压，说明电路来电正常
第 2 步	用万用表的交流电压 250V 挡测量 JDY 和 JMS 线圈 A1、A2 之间的电压。若有电压，说明故障在 A1、A2 之间的线圈上；若无电压，说明故障在线路及开关上
第 3 步	把万用表调至交流电压 250V 挡，黑表笔固定在 110VN，红表笔依次测量 103 引脚、104 引脚、108 引脚、110 引脚、111 引脚、112 引脚。若 103 引脚有电压，则机房相序继电器没有故障；若 104 有电压，则机房安全开关没有故障；若 108 有电压，则井道安全开关没有故障；若 110 有电压，则轿厢安全开关没有故障；若 111 有电压，则厅门开关没有故障；若 112 有电压，则轿门开关没有故障。如果发现故障，先到相应空间进行修复然后继续测量

在实训基地进行实际操作时，按步骤进行操作，并根据过程中需要使用到的工具完成学生工作手册中的"工具、材料申领单"；根据实际操作步骤完成学生工作手册中"作业过程记录表"。

任务评价

根据调查研究、"6S"规范、故障分析、故障查找、故障排除、试车、技术文件七个方面的考核细则完成学生工作手册中的"安全与门锁回路故障诊断与维修操作考核评价表"。

思考与练习题

1. 电梯电气系统出现故障时，应首先确定故障出于哪一个（　　　　），然后再确定故障出于其中哪一个电气元件的触点上。

A. 元器件　　　　　　B. 系统　　　　　　C. 环节　　　　　D. 电路

2. 在电梯现场电路安全回路中，对某一安全开关采用电压法进行维修，描述其维修操作步骤或过程。

任务二　电梯控制电路故障诊断与维修

任务导入

微机控制的电梯控制器体积小、成本低、自动化程度高、节省能源、通用性强、可靠性高、可实现复杂的功能控制，目前在电梯行业得到了广泛的应用。目前电梯的微机控制器已经由分体式发展到一体化式，本任务将结合国内主流的某厂商生产的 NICE3000 一体化控制系统，对电梯控制电路故障进行诊断与维修。

学习目标

☞ 养成分工协作、集思广益、团结合作的团队精神；

☞ 能分析电梯控制电路的组成及工作原理；

☞ 能对电梯控制电路进行故障判断与排除。

✈ 相关知识

NICE3000 一体化控制系统采用的主板有 27 个输入接口（X1～X27，其默认功能见表 6-2-1）、6 个输出接口（Y1～Y6，其默认功能见表 6-2-2），以及若干用于称重和通信的差分信号接口。

表 6-2-1　微机输入接口

接口	作用	接口	作用	接口	作用
X1	上平层信号	X10	检修上行信号	X19	无效
X2	门区信号	X11	检修下行信号	X20	无效
X3	下平层信号	X12	上限位信号	X21	无效
X4	安全回路反馈信号	X13	下限位信号	X22	无效
X5	门锁回路反馈信号	X14	上 1 级强迫减速信号	X23	无效
X6	运行接触器反馈信号	X15	下 1 级强迫减速信号	X24	无效
X7	抱闸接触器反馈信号	X16	上 2 级强迫减速信号	X25	安全回路信号
X8	封门接触器反馈信号	X17	下 2 级强迫减速信号	X26	门锁回路信号
X9	检修信号	X18	无效	X27	门锁回路信号

表 6-2-2　微机输出接口

接口	作用	接口	作用	接口	作用
Y1	运行接触器输出	Y3	封门接触器输出	Y5	无效
Y2	抱闸接触器输出	Y4	消防到基站输出	Y6	无效

一体化控制器具备自诊断功能，微机主板自身不停地检测，监控着电梯的待机及运行情况。当出现故障时，系统会根据故障的级别高低作出是否需要停机保护的判断，并且实时地将故障信息呈现出来。维修人员可根据故障代码的类别进行相应的处理，即根据提示的信息进行故障分析，确定故障原因。NICE3000 系统的故障信息根据对系统的影响程度分为 5 个类别，不同类别的故障处理方法也不同，详见附录一电梯故障代码对照表中对应的故障代码内容。

⚙ 任务实施

（一）故障一分析及排除

1. 故障现象

电梯能选层和呼梯，但是门关好后不运行，并且重复开关门。

2. 故障分析

电梯能正常选层和呼梯，并且能正常开关门，但不能运行，可见微机控制系统的内外呼

六

正常、门机系统正常，应该是外围电路未收到反馈，应该仔细检查微机主板的输入接口，如 X25、X26、X27 等输入是否正常，还可以观察主板是否有故障代码显示。

3. 故障排除（表 6-2-3）

表 6-2-3　重复开关门故障排除的操作步骤

步骤	操作过程
第 1 步	查看主板输入各接口情况，观察门关好后门锁接触器是否正常吸合
第 2 步	如门锁接触器不吸合，需检查安全与门锁回路是否正常。如门锁接触器吸合，再观察 X25、X26、X27 等输入是否正常
第 3 步	观察安全和门锁反馈信号是否正常

（二）故障二分析及排除

1. 故障现象

电梯到站不停，撞限位开关后停梯，并显示故障代码"Err30"。

2. 故障分析

由于有故障代码显示（"Err30"），查阅故障代码对照表可知，"Err30"提示为电梯位置异常，故障的可能原因如下：

① 电梯自动运行时，旋转编码器反馈的位置有偏差；

② 电梯自动运行时，平层信号断开；

③ 曳引钢丝绳打滑。

3. 故障排除（表 6-2-4）

表 6-2-4　到站不停故障排除的操作步骤

步骤	操作过程
第 1 步	检查平层感应器、遮光板（或隔磁板）是否正常
第 2 步	检查平层信号线连接是否正确
第 3 步	确认旋转编码器工作是否正常

在实训基地进行实际操作时，按步骤进行操作，并根据过程中需要使用到的工具完成学生工作手册中的"工具、材料申领单"；根据实际操作步骤完成学生工作手册中"作业过程记录表"。

任务评价

根据调查研究、"6S"规范、故障分析、故障查找、故障排除、试车、技术文件七个方面的考核细则完成学生工作手册中的"电梯控制电路故障诊断与维修操作考核评价表"。

思考与练习题

1. 若电梯能选层和呼梯，但是门关好后不运行，并且重复开关门，简述上述故障处理的方法。

2. 电梯自动运行时,如果平层感应器突然信号不正常,那么电梯会出现哪些问题或故障?

任务三　曳引电动机驱动控制电路故障诊断与维修

➡️ 任务导入

　　电梯曳引系统的作用是产生输出动力,通过曳引力驱动轿厢运行。曳引电动机的驱动控制电路主要用于控制电动机的启动、加速、匀速、减速和停止等。本任务主要学习曳引电动机驱动控制电路故障诊断与维修。

📖 学习目标

　　☞ 具备严格执行维修保养标准、精益求精的职业素养;
　　☞ 能分析电梯曳引电动机驱动控制电路的组成及工作原理;
　　☞ 能对电梯曳引电动机驱动控制电路进行故障判断与排除。

✈️ 相关知识

　　如图 6-3-1 所示,当电梯启动运行时,控制器 Y1 输出运行信号(运行接触器 SW 动作),先给三相交流电动机一定的电流(曳引电动机预转矩),此时控制器 X6 先接收运行接触器动作反馈信号,同时变频器检测通入电动机的三相电流是否平衡,当出现断相或不平衡时,会报警保护。当接收到运行接触器的反馈信号后,控制器 Y2 输出制动器松闸信号(抱闸接触器 BY 动作),同时控制器 X7 接收抱闸接触器反馈信号,当接收到抱闸接触器反馈信号后,系统正式给变频器发出启动、加速信号,电梯开始运行。

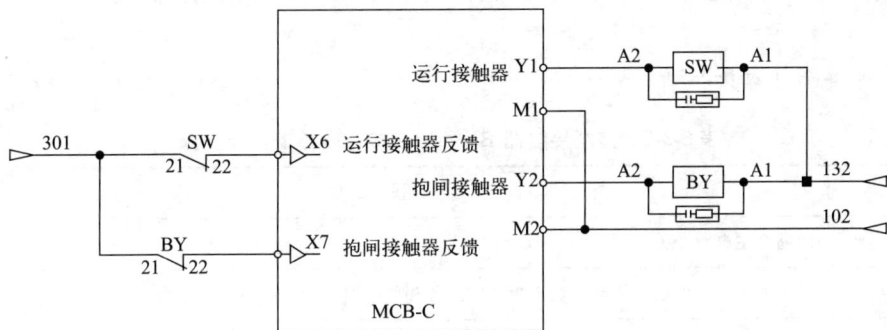

图 6-3-1　电动机驱动控制图

⚙️ 任务实施

(一)故障一分析及排除

1. 故障现象

电梯能轿内选层和厅外呼梯,但关门后不能运行(运行接触器 SW 不吸合)。

2. 故障分析

电梯能正常选层和呼梯，并且能正常开关门，但不能运行，可见微机控制系统的内外呼正常、门机系统正常。层门和轿门都已关好，安全与门锁继电器均吸合，接下来应该是运行接触器（SW）吸合，但发现该接触器没有动作，所以问题应该出自运行接触器线圈回路。

3. 故障排除（表 6-3-1）

表 6-3-1　运行接触器 SW 不吸合故障排除的操作步骤

步骤	操作过程
第 1 步	断开主电源开关
第 2 步	检测运行接触器（SW）的线圈电阻（A1—A2 端），正常情况下电阻为几百欧姆，电阻为零或无穷大都不正常
第 3 步	检测控制器 Y1 端子至运行接触器（SW）的 A2 端子的接线、A1 端子至 132 的接线是否为通路，如果是断路则不正常
第 4 步	填写维修记录单

（二）故障二分析及排除

1. 故障现象

电梯能轿内选层和厅外呼梯，但关门后不能运行（抱闸接触器 BY 不吸合）并报警保护。

2. 故障分析

电梯能正常选层和呼梯，并且能正常开关门，但不能运行，可见微机控制系统的内外呼正常、门机系统正常。层门和轿门都已关好，安全与门锁继电器均吸合，接下来应该是运行接触器（SW）吸合，随后抱闸接触器（BY）也应该吸合，但发现抱闸接触器（BY）并没有吸合动作，所以系统控制环节可能是在运行接触器（SW）与抱闸接触器（BY）之间出现问题。

3. 故障排除（表 6-3-2）

表 6-3-2　抱闸接触器 BY 不吸合故障排除的操作步骤

步骤	操作过程
第 1 步	断开主电源开关
第 2 步	用万用表电阻挡检查电动机三相主电路各相的线路是否存在断路
第 3 步	检查抱闸接触器线圈回路是否为通路，如果是断路则不正常
第 4 步	填写维修记录单

在实训基地进行实际操作时，按步骤进行操作，并根据过程中需要使用到的工具完成学生工作手册中的"工具、材料申领单"；根据实际操作步骤完成学生工作手册中的"作业过程记录表"。

任务评价

根据调查研究、"6S"规范、故障分析、故障查找、故障排除、试车、技术文件七个方面的考核细则完成学生工作手册中的"曳引电动机驱动控制电路故障诊断与维修操作考核评价表"。

思考与练习题

1. 电梯能轿内选层和厅外呼梯，但关门后不能运行（运行接触器 SW 不吸合），简述上述故障的处理方法。

2. 电梯能正常选层和呼梯，并且能正常开关门，但检查发现抱闸接触器（BY）并没有吸合动作，应如何处理？

任务四　开关门电路故障诊断与维修

任务导入

电梯门系统是指电梯的层门、轿门及其附属的零部件，主要包括电梯门、门锁、门机、门机控制器、联动机构、电气安全装置等。在电梯各类故障中，门系统电气故障（如门机故障、厅轿门锁失效等）约占 15%～20%。相比于曳引机、钢丝绳、制动器等电梯关键部件，门系统故障率高居首位，对电梯整机的安全、可靠运行影响更大。

学习目标

☞ 具备分工协作、集思广益、团结合作的团队精神；
☞ 能分析电梯开关门电路的组成及工作原理；
☞ 能对电梯开关门电路进行故障判断与排除。

相关知识

当电梯控制系统给变频门机控制器发出开关门指令时，门机控制器控制电机做正反转动，使得轿门带动层门开关门。门机变频器使用位置控制而自动生成门机的运行曲线，当开关门到位时，开关门的到位信号由开关门到位开关动作或者装在开关门终端的磁感应开关输入到门机控制器，再由门机控制器处理后，经随行电缆将开关门到位信号输送到机房主控微机，形成一个开关门信号的闭环。目前市场上较常见的为交流调速门机，主要有双稳态开关控制（速度控制）和编码器控制（位置控制）两种方式。

双稳态开关控制系统门机检测开关如图 6-4-1 所示，门上需要安装 4 个行程开关，通过减速点进行减速处理，通过判断限位开关的信号来进行限位的处理。NICE900 门机控制系统如图 6-4-2 所示。门机控制器 DI5 端子接收到系统的开门指令之后，门机执行开门动作（高速运行），开门过程中，当开门减速端子 DI3 信号有效后，进入开门减速阶段，直到开门限位输入端子 DI4 有效，此时开门到位输出端子 TA3/TC3 动作，控制系统接收到开门到位之后，门机停止开门。门机控制器 DI6 端子接收到系统的关门指令之后，门机执行关门动作

（高速运行），关门过程中，当关门减速端子 DI2 信号有效后，进入关门减速阶段，直到关门限位输入端子 DI1 有效，此时关门到位输出端子 TA1/TC1 动作，控制系统接收到关门到位之后，门机停止关门。

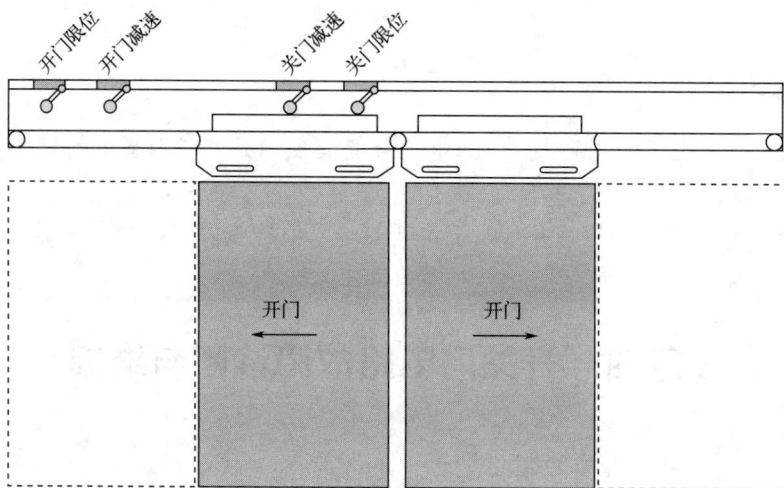

图 6-4-1　双稳态开关控制系统门机检测开关

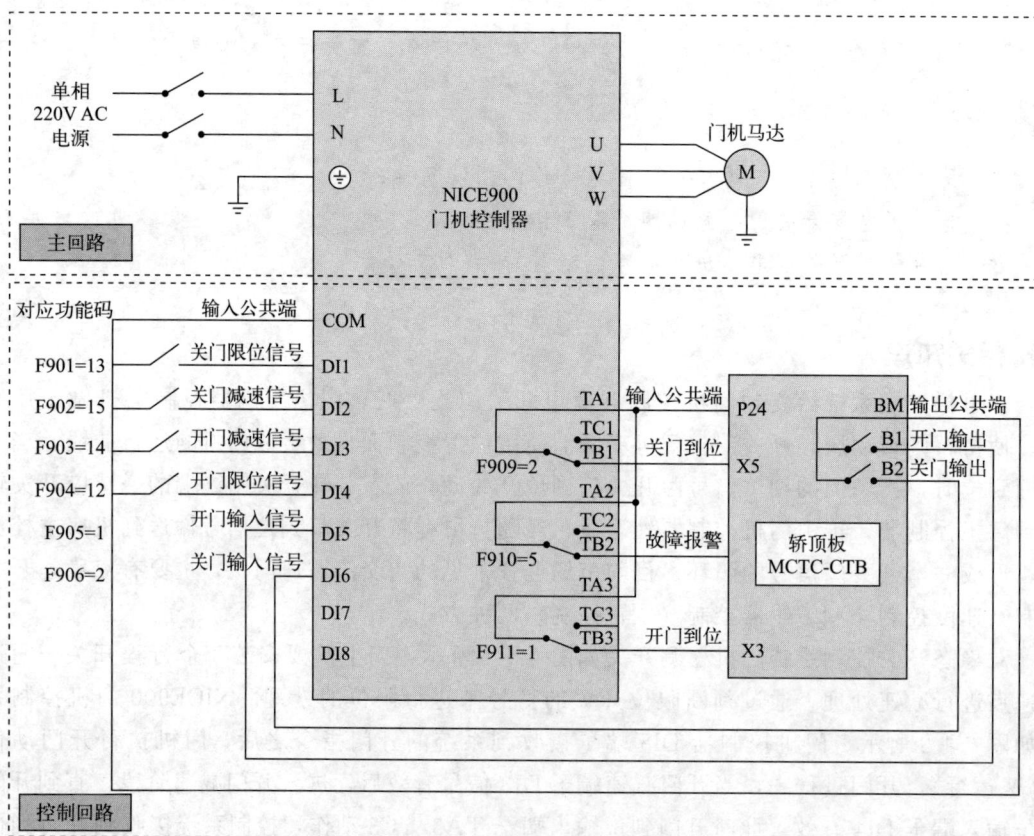

图 6-4-2　NICE900 门机控制系统

编码器控制系统通过编码器脉冲反馈，接收开关门减速、开关门限位信号，如图 6-4-3 所示。门机控制器 DI5 端子接收到系统的开门指令之后，门机根据门机编码器反馈的脉冲执行开门动作（高速运行），开门过程中，一般开门运行到 70％门宽之后，进入开门减速阶段，然后运行到 96％门宽之后，开门到位输出端子 TA3/TC3 动作，控制系统接收到开门到位信号之后，门机停止开门。门机控制器 DI6 端子接收到系统的关门指令之后，门机执行关门动作（高速运行），关门过程中，当关门运行到 70％门宽后，进入关门减速阶段，直到关门运行到 90％门宽，此时关门到位输出端子 TA1/TC1 动作，控制系统接收到关门到位信号之后，门机停止关门。

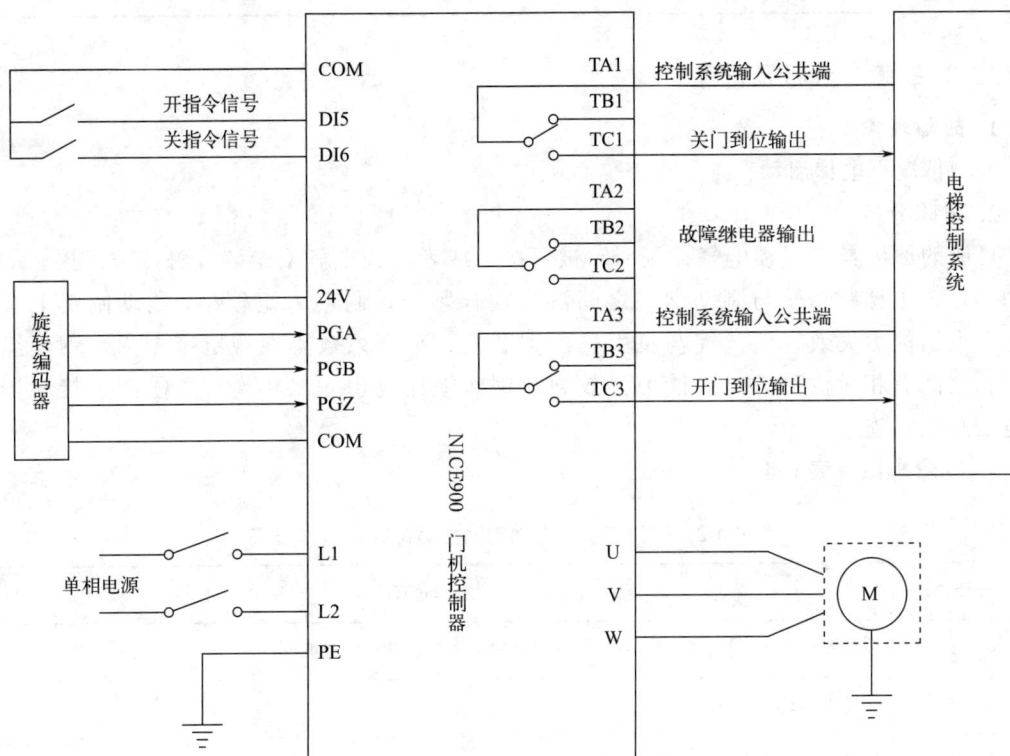

图 6-4-3　编码器控制系统

任务实施

（一）故障一分析及排除

1. 故障现象

按下关门按钮，反复开关门或者无法关门。

2. 故障分析

可能存在的故障原因有：①光幕上有灰尘或者污垢触发保护，或接触不良。②门机开关门到位开关与磁铁间距离过大，无法感应到开关门到位，致使主板接收不到开关门终端信号，门机始终不断给出开关门指令，使得轿门、层门反复开关门。③终端开关信号线由于穿插在轿门门头，轿门不断地运行，导致开关信号线磨损，造成接地短路，门机控制器电源指示灯不亮，主板报门机故障，轿门无法正常关门。

3. 故障排除（表6-4-1）

表6-4-1　按下关门按钮，反复开关门或无法关门故障排除的操作步骤

步骤	操作过程
第1步	检查光幕上是否有灰尘或者污垢触发保护
第2步	根据主板监视状态对照七段码识别门机信号和通信信号是否准确无误地反馈给主板
第3步	填写维修记录单

（二）故障二分析及排除

1. 故障现象

开门情况下电梯启动。

2. 故障分析

可能的原因：①门锁电气控制回路被短接，或者门锁电气安全装置触点被短接。②制动力不足，电梯制动轮与制动闸瓦之间没有贴合紧密，制动力矩较小，制动闸瓦上有油污。③曳引能力失效，钢丝绳与曳引轮严重磨损，平衡系数不在规定范围内，钢丝绳与曳引轮之间有相对位移，曳引能力失效导致钢丝绳在曳引轮槽中滑移。④门锁接触器或继电器触点粘连。

3. 故障排除（表6-4-2）

表6-4-2　开门情况下电梯启动故障排除的操作步骤

步骤	操作过程
第1步	检查门锁电气控制回路（或者门锁电气安全装置触点）是否被短接
第2步	检查制动力大小
第3步	检查曳引力大小
第4步	检查门锁接触器或继电器触点是否发生粘连
第5步	填写维修记录单

（三）故障三分析及排除

1. 故障现象

电梯运行过程中突然停车。

2. 故障分析

若门刀与门球的相对间隙调整不当，在运行时会发生门刀碰门球，门锁电气装置瞬间断开，轿厢会突然停止运行，造成电梯故障。有些厂家设计的门锁回路电压是交流（或直流）110V，甚至小于该值，当楼层很高时门锁回路电压降低，容易造成门锁虚接现象，导致电梯运行时出现门锁断开故障。

六

3. 故障排除（表 6-4-3）

表 6-4-3　电梯运行过程中突然停车故障排除的操作步骤

步骤	操作过程
第 1 步	检查门刀与门球间隙是否符合要求
第 2 步	检查门锁回路是否正常
第 3 步	填写维修记录单

在实训基地进行实际操作时，按步骤进行操作，并根据过程中需要使用到的工具完成学生工作手册中的"工具、材料申领单"；根据实际操作步骤完成学生工作手册中的"作业过程记录表"。

任务评价

根据调查研究、"6S"规范、故障分析、故障查找、故障排除、试车、技术文件七个方面的考核细则完成学生工作手册中的"开关门电路故障诊断与维修操作考核评价表"。

思考与练习题

1. 按下关门按钮，电梯反复开关门或者无法关门，简述上述故障处理的方法。
2. 当电梯维修时，将门锁电气控制回路短接，将会出现哪些问题或后果？

六

项目七

电梯机械系统常见故障诊断与维修

任务一　曳引机故障诊断与维修

任务导入

　　曳引机作为电梯的重要动力驱动部件，其零部件在运行过程中易出现机械磨损、老化等不良状况。这些问题可能诱发设备损坏或造成各类故障等现象，引发电梯运行时的安全事故。因此，需要经常检查，及时发现问题并进行维修或调整。

　　本任务通过学习曳引机等机械故障产生的原因，了解其现场常见的机械故障排除方法；掌握在维修过程中进行曳引动力系统等故障处理的操作手法，并能熟练运用相关仪器与工具；知晓在曳引机等零部件维修处置过程中，需要注意的相关技术规范要求和安全操作事项。

学习目标

☞ 具备遵守安全作业规程、提高安全意识的工作作风；

☞ 熟悉曳引机相关零部件现场常见的机械故障产生原因及分析方法；

☞ 掌握动力系统等故障诊断与技术处理的操作流程；

☞ 能对曳引机方面故障制订可行的维修计划，并正确记录其维修内容、调整原因和其他情况（特别是故障类型）等。

相关知识

一、曳引机故障分析与处理案例

　　某型号交流永磁同步无齿轮曳引机现场故障分析与处理介绍如下。本曳引机为立式结构，制动器为常见的块式结构，具体详见配图。

当电梯现场曳引机安装完工后，或使用一段时间后，在运行时出现异响、抖动等现象时，则按如下方法处理相关问题。

1. 编码器线连接点接触不良

症状：变频器报警，电梯不能运行，见图 7-1-1。

处理方法：更换编码器线或重新安装。

2. 编码器软爪断裂

症状：变频器报警，电梯运行抖动或飞车，见图 7-1-2。

处理方法：更换编码器。

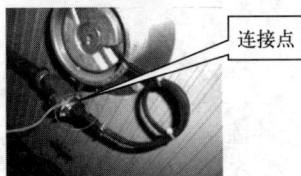

图 7-1-1 编码器线连接点

图 7-1-2 编码器软爪

3. 连轴轴承盖断裂

症状：电梯运行声音响、抖动或飞车，见图 7-1-3。

处理方法：更换连轴轴承盖。

4. P、I 参数设置不当

症状：电梯运行声音响、抖动。

处理方法：降低或增加 P、I 值或适当延长滤波时间。

5. 接地线虚接

症状：电梯运行声音响、抖动。

处理方法：查看接地线是否接好，沿着接地线查向控制柜端，检查接地线是否完全接地。详见图 7-1-4。

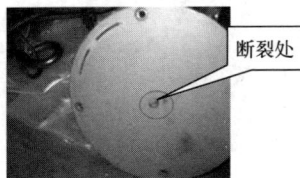

图 7-1-3 连轴轴承盖

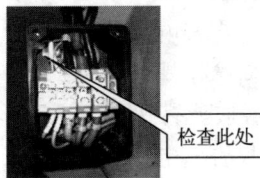

图 7-1-4 接地线

6. 曳引轮盖板松动

症状：电梯运行声音响。

处理方法：把螺栓拧紧固定。详见图 7-1-5。

7. 平键松动

症状：电梯运行声音响。

处理方法：把平键固定牢靠，见图 7-1-6。

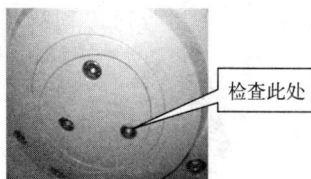

图 7-1-5　曳引轮盖板　　　　　图 7-1-6　平键

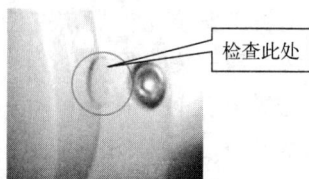

8. 机座内有异物

症状：电梯运行声音响、抖动。

处理方法：用锯条等薄片检查并排除异物。

9. 固定齿轮的螺栓松动

症状：电梯运行声音响、抖动。

处理方法：打开盘车轮盖板，转动转子检查螺栓并固定，如图 7-1-7 所示。

10. 曳引轮槽磨损（图 7-1-8）导致钢丝绳下沉

症状：电梯运行抖动。

处理方法：更换曳引轮。

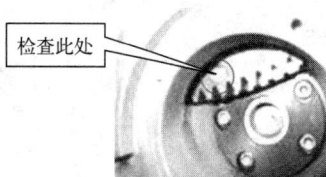

图 7-1-7　固定齿轮的螺栓　　　　　图 7-1-8　曳引轮槽磨损

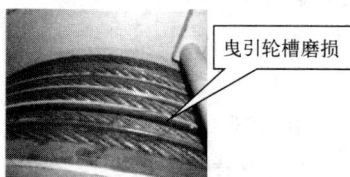

11. 编码器托架轴承损坏（图 7-1-9）

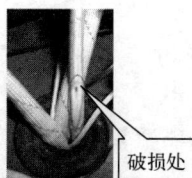

症状：电梯运行声音响、抖动。

处理方法：更换轴承。

12. 主机固定螺栓松动

症状：电梯运行声音响、抖动。

处理方法：重新拧紧螺母固定。

13. 电源进线磨损破裂（图 7-1-10）

症状：变频器报警，电梯不能运行。

处理方法：用绝缘胶布将绝缘管重新套好。

图 7-1-9　编码器托架轴承损坏　　　　图 7-1-10　电源进线磨损破裂

14. 主机定子线圈破损

症状：变频器报警，电梯不能运行。

处理方法：更换主机。

15. 导向轮轴承损坏（图 7-1-11）

症状：电梯运行声音响、抖动。

处理方法：更换导向轮。

16. 编码器及托架有摩擦声

症状：电梯运行有异常声音、抖动。

处理方法：紧固托架的固定螺栓，并重新安装编码器。详见图 7-1-12。

图 7-1-11　导向轮轴承损坏　　　　图 7-1-12　编码器及托架

17. 轴承盖有摩擦声

症状：电梯运行有异常声音、抖动。

处理方法：拆下轴承盖，检查是否有摩擦痕迹，详见图 7-1-13。有摩擦痕迹时用锉刀锉除。

18. 转子与定子有摩擦声

症状：电梯运行有异常声音。

处理方法：检查转子上磁钢固定螺钉是否松动，松动时重新拧紧。详见图 7-1-14。

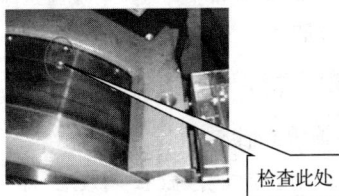

图 7-1-13　轴承盖　　　　　　图 7-1-14　转子与定子摩擦处

19. 主机在正常运行时有摩擦声

症状：电梯运行有异常声音、抖动。

处理方法：检查制动器打开时是否完全吸合，用塞尺判断间隙内是否有异物夹在里面。用万用表测量接线盒电压，查看电压降低部件，一般为整流桥损坏或输入电压过低。制动器上下间隙不均匀时需要重新调整间隙。详见图 7-1-15。

提示：判断主机运行是否正常的最简单、最有效的方法——检查电梯断电、空轿厢往上溜车时，主机是否有异响。

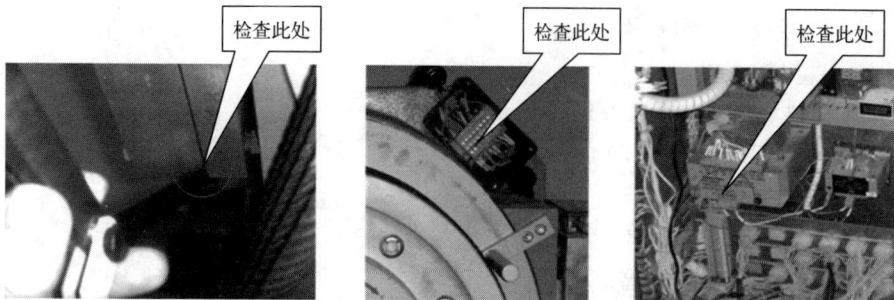

图 7-1-15 制动器检查

二、标准链接

◆ **GB/T 18775—2009《电梯、自动扶梯和自动人行道维修规范》**中关于维修方面的相关规定，请扫描二维码；

◆ **GB/T 18775—2009《电梯、自动扶梯和自动人行道维修规范》**附录 A 中关于电梯动力系统维修方面的相关要求，请扫描二维码。

任务实施

（一）故障现象

（1）曳引机轴承端渗油。

（2）曳引机制动器发热。

（3）曳引机发热/冒烟致使闷车。

（4）轿厢正常运行进入平层区域后，不能正确平层。

（5）电梯轿厢运行速度低于额定速度，时间一长电气跳闸。

（二）故障分析

1. 曳引机轴承端渗油故障分析

（1）油封老化磨损，橡胶长期浸在油中且高速运转，致使不断地磨损造成渗油。

（2）油的黏度在使用过程中逐渐降低，可能产生渗油现象。

（3）加油量太多（超过规定的油面线）。

（4）油封材质不好，即橡胶弹性较差和耐油性能差造成渗油现象。

（5）油封与轴颈贴合性较差造成渗油。

2. 主机制动器发热故障分析

（1）如果电磁铁吸铁工作行程太小，将使制动器得电吸合后，抱闸张开间隙过小，使电动机处于半制动状态，即闸瓦片与制动轮处于半摩擦状态而生热，使电动机超负荷运转，引起电流增大，造成热继电器跳闸。

（2）如果电磁铁吸铁工作行程太大，虽然在制动器得电吸合时，能使闸瓦片与制动轮有较大的间隙，但会产生很大的电流，造成磁体生热。

3. 曳引机发热/冒烟致使闷车故障分析

（1）曳引机减速箱严重缺油（若蜗杆为上置式，缺油时更容易发热）。

（2）润滑油中含有大量杂质或老化，影响润滑油的黏度。运动啮合件在缺油状态下运转，导致发热，甚至出现咬轴闷车的现象。

4. 轿厢运行进入平层区域后，不能正确平层的故障分析

制动器长期使用，且保养不当，闸瓦片严重磨损，进入平层区域，减速制动力减弱，闸瓦片与制动轮打滑，从而造成不能正确平层。尤其是在轿厢满载时，打滑现象更严重。

5. 电梯轿厢运行速度低于额定速度，时间一长电气跳闸的故障分析

当制动器得电吸合后，抱闸张开间隙过小，使电动机处于半制动状态，电动机附加负载运行，电机发热，电流增大造成变频器保护或电气跳闸。

（三）故障排除

1. 工具准备

① 防护工具（表 7-1-1）。

表 7-1-1　防护工具一览表

安全帽	防护手套	安全鞋

② 维保工具（表 7-1-2）。

表 7-1-2　维保工具一览表

刷子	三角钥匙	清洁布
螺钉旋具	围栏	门阻止器

七

续表

锁具	扳手	油壶
万用表	塞尺	钢尺
手动倒链	测温枪	油枪

2. 故障维修过程

① 曳引机轴承端渗油的维修过程（如有减速箱）见表 7-1-3。

表 7-1-3　曳引机轴承端渗油故障维修过程

步骤	操作过程
第1步	有少量的渗油时应留意，并观察油窗中油面线的位置（以油标线为标准），了解油箱内的油量，当油少时应加油；仔细观察渗油的质量状况及油的黏度状况，如果油的黏度降低了很多，应更换齿轮油，型号为兰炼33♯或厂商规定的电梯专用齿轮油
第2步	当渗油量较大时，可以看到油窗的油量较少，应及时更换油封（在维修曳引机更换油封时应将轿厢放置在顶层），用手动倒链将轿厢吊起，并将对重在底坑用强度适度的支撑物稳固支起

② 曳引机制动器发热的维修过程，见表 7-1-4。

表 7-1-4　曳引机制动器发热故障维修过程

步骤	操作过程
第1步	调节制动器弹簧的张紧度

续表

步骤	操作过程
第2步	调节磁体的工作行程约为2mm，确保制动器灵活可靠，抱闸时闸瓦片应紧密地贴合于制动轮的工作表面上，松闸时闸瓦片应同时离开制动轮工作表面，不得有局部摩擦，此时间隙不得大于0.7mm。当环境温度为40℃时，在额定电压下及通电率为40%时，温度不得超过80℃，并注意机房的散热及通风
第3步	调整磁杆，使其自由滑动无卡住现象，相应支点加油润滑。若闸瓦片磨损超标，则应成对更换

③ 曳引机发热/冒烟致使闷车的维修过程，见表7-1-5。

表7-1-5 曳引机发热/冒烟致使闷车故障维修过程

步骤	操作过程
第1步	首先检查油窗中油面线位置是否满足要求，若油面较低，则加入足量齿轮油（如兰炼33#或按照随机附带文件的油号加注）
第2步	检查减速箱润滑油油质是否满足要求。同时，检查轴承是否因油质不佳或存在铁屑而损坏
第3步	更换新的润滑油；清洁轴承或更换

④ 轿厢正常运行进入平层区域后，不能正确平层的维修过程，见表7-1-6。

表7-1-6 轿厢正常运行进入平层区域后，不能正确平层故障维修过程

步骤	操作过程
第1步	检查并调整制动器的弹簧压力
第2步	检查闸瓦片的磨损状况： 1. 当闸瓦片的衬垫过度磨损（磨损值超过衬垫厚度的2/3）应及时更换。 2. 如果闸瓦片是铆接的，必须将铆钉头沉入座中，不允许铆钉头与制动轮表面接触
第3步	检查并调整制动轮与闸瓦的间隙，间隙不得大于0.7mm，并调整弹簧的压力。制动器上的弹簧应调节适当，其方法如下： 1. 在满载下降时应能提供足够的制动力使轿厢迅速停住。 2. 在满载上升时的制动又不许太猛，影响舒适感。 3. 在制动器各销轴上加油润滑，确保活动自如，确保制动器工作可靠

⑤ 电梯轿厢运行速度低于额定速度，时间一长电气跳闸的维修过程，见表7-1-7。

表7-1-7 轿厢运行速度低于额定速度，时间一长电气跳闸故障维修过程

步骤	操作过程
第1步	将轿厢放置在顶层，并用手动倒链将轿厢吊起，将对重在底坑用强度适度的支撑物稳固支起
第2步	用专用手动松闸手柄打开制动器，检查并调整闸瓦与制动轮两侧间隙。间隙调整为不大于0.7mm，并使两侧间隙均匀
第3步	调整两制动臂工作一致，并保证四周贴合（接触面不小于80%）均衡且可靠

七

在实训基地进行实际操作时，按步骤进行操作，并根据过程中需要使用到的工具完成学生工作手册中的"工具、材料申领单"；根据实际操作步骤完成学生工作手册中的"作业过程记录表"。

任务评价

根据"安全意识""轿厢正常运行进入平层区域后，不能正确平层维修""职业规范和环境保护""轿厢正常运行进入平层区域后，不能正确平层维修记录单"等四个方面的考核细则完成学生工作手册中的"轿厢正常运行进入平层区域后，不能正确平层的维修考核评价表"。

思考与练习题

1. 叙述电梯修理的含义；对电梯维修概念进行描述，并举例加以说明。
2. 造成曳引机轴承端渗油的原因有哪些？
3. 简述曳引机发热/冒烟致使闷车的维修过程。

任务二　轿厢运行故障诊断与维修

任务导入

随着电梯的普及应用，电梯安全问题受到了更多的关注。为了向乘客提供更加安全、可靠的电梯运营服务，尤其是电梯在运行过程中，常因各类故障引发轿厢困人事件，可见，维修人员必须对电梯运行中的常见故障及其产生的原因进行分析，并提出针对性的解决方案。

本任务通过学习轿厢在运行中产生机械故障的原因，了解其现场常见的机械故障排除的方法；掌握在维修过程中进行轿厢系统等故障处理的操作手法，并能熟练运用相关仪器与工具；知晓在轿厢等零部件维修处置过程中，需要注意的相关技术规范要求和安全操作事项。

学习目标

☞ 具备分工协作、集思广益、团结合作的团队精神；
☞ 熟悉轿厢系统相关零部件现场常见的机械故障产生原因及分析方法；
☞ 掌握轿厢运行时出现的相关故障诊断与技术处理的操作流程；
☞ 能对轿厢运行方面的故障制订可行的维修计划，并正确记录其维修内容、调整原因和其他情况（特别是故障类型）等。

相关知识

一、轿厢运行产生振动的基本分析

电梯运行中的抖动等现象主要表现为以下几种情况：电梯左右晃动；上下垂直方向的跳

动；常常带有"嗡嗡"响声的共振等。

1. 电梯产品质量方面原因导致抖动

（1）主机曳引轮、导向轮的轴承不良产生抖动。

主机曳引轮、导向轮的轴承间隙大，曳引轮和导向轮自身的动态平衡不良，曳引机或齿轮箱内的轴承不良，曳引机减速箱蜗杆与电机轴同心度超差，这些情况均可出现周期性的振动激励，导致电梯运行抖动。因此，首先应提高曳引轮和导向轮的产品质量及改装质量，对于不良轴承应及时更换，消除周期性的激励源。

（2）主机底座减振橡胶不良产生抖动。

主机底座一般用 4 块减振橡胶支撑，由于其刚度及压力不一，易形成 3 块橡胶在同一平面上支撑主机，导致其在曳引机曳引力的作用下产生周期性的晃动。此时应更换已变形的减振橡胶，使 4 块橡胶在同一平面上共同支撑主机，达到良好的减振效果。

（3）绳头弹簧的刚度不一产生抖动。

绳头弹簧的刚度不一表现在弹簧在相同的压缩量下其弹力不一。绳头弹簧的刚度必须适中并与其载重量相匹配，刚度过大或过小，减振效果均不佳。

2. 电梯安装不良产生的抖动

（1）电梯导轨安装不良引起抖动。

电梯导轨安装不良主要有导轨的垂直度、间距、导轨接缝和接头台阶超过国标规定误差范围；导轨支架上的固定膨胀螺栓、导轨的压导板螺钉松动；导轨支架与导轨底座连接缝隙过大或两个工作面严重不平行。安装过程中对产品保护不良造成导轨局部扭曲、导轨工作面出现凹坑或电焊痕迹，均能在轿厢上下运行时产生振动和噪声。

（2）轿厢组装不良产生的抖动。

轿厢组装不良主要有轿底水平度不良致使轿厢重心偏移，静态平衡不良；曳引轮绳槽中心与轿厢中心不在同一直线上，偏差较大，造成轿厢的摆动振动。改善因轿厢组装不良所造成的抖动，应先拆除上导靴且轿厢在自由状态下确认轿厢框架的扭曲度，误差应调整到 5mm 以内，再确认轿底的水平度、轿厢的垂直度，并认真做好轿厢静态平衡，才能较好地消除导靴受导轨的冲击力。

（3）对重框扭曲变形产生抖动。

因部件堆放不良造成对重框扭曲变形后，未纠正就直接安装；对重块压板安装不良、单根补偿链或补偿链在对重框上挂装不正确，均会产生抖动或异响。

3. 电梯调试不当产生抖动

（1）电梯导靴间隙调整不当产生的抖动。

导靴的平行度调整不当，导靴的伸缩量过大或太小均会产生抖动。导靴的伸缩量一般一边各留 3mm 的余量，能较好地吸收来自导轨的冲击激励。

（2）钢丝绳扭力与拉力不均引起的抖动。

当钢丝绳扭力未释放时，钢丝绳拉力无法调整定位。当钢丝绳拉力不均，超过国标规定，易造成曳引绳轮的磨损，受力大的钢丝绳埋入绳轮较深，钢丝绳运行不能同步，则钢丝绳与绳轮的滑移加大，使钢丝绳的抖动加剧。通常消除钢丝绳扭力的方法是，在安装时将钢丝绳挂在绳轮上，自然垂落 24h 释放内部扭力。此外，消除钢丝绳抖动的方法，可在绳头上方 300～500mm 位置用坚木把几根钢丝绳夹住来改善共振问题。

七

（3）电气调整不良产生抖动。

主机曳引力矩的波动是电梯振动的激励源。启动时力矩调整不当，力矩过小出现反拉，力矩过大出现先行，均会产生抖动。停车时调整过急，就像汽车急刹车，也会产生抖动。反馈调整不当也会产生自激振荡。通过调节启动瞬间的扭矩或加速度曲线可减少抖动，提升启动舒适感。

综上所述，目前，轿厢运行时产生抖动等问题，已基本上得到解决。但对于高速电梯及电梯安装不到位时，则会出现上述相应故障。此处供学习时参考。

二、标准链接

◆ **GB/T 18775—2009**《电梯、自动扶梯和自动人行道维修规范》中关于对电梯设备维护方面的相关规定，请扫描二维码。

▶ 标准链接 ◀

三、维修内容

GB/T 18775—2009《电梯、自动扶梯和自动人行道维修规范》附录 A 中电梯轿厢系统检查项目，详见表 7-2-1。

表 7-2-1　轿厢系统检查项目

序号	维修项目	维修要求
1	所有零部件	检查是否清洁、无腐蚀
2	轿厢/对重导向装置	检查所有导向面的油膜是否达到要求 检查固定状态
3	轿厢/对重导靴	检查靴衬/滚轮磨损状况 检查固定状况 检查必要的润滑状况
4	轿厢	检查应急照明灯、轿厢按钮、开关 检查面板和天花板的固定状态
5	安全钳/轿厢上行保护装置	检查活动件是否自由运动及其磨损状态 检查润滑状态 检查固定状态 检验工作状态 检查开关状态
6	悬挂绳/链	检查磨损、断丝、伸长和张力等状态 检查润滑状态（如果有）
7	悬挂绳/链端部	检查损伤和磨损状况 检查固定状态
8	极限开关	检查工作状态

七

任务实施

（一）故障现象

（1）电梯轿厢蹲底和冲顶。

（2）轿厢运行中晃动。

（3）轿厢称重装置误动或失灵。

（4）轿厢运行中有磕碰声。

（5）轿厢运行中有异常的振动声。

（6）电梯轿厢下行时突然制停。

（7）电梯轿厢上行下沉后，再启动下行时有突然的下沉感觉。

（8）电梯 2∶1 拖动方式，在运行过程中，对重轮或轿顶轮噪声严重。

（二）故障分析

1. 电梯轿厢蹲底和冲顶故障分析

（1）对重的重量与轿厢的自重加上额定载重，两者平衡系数未达到标准。

（2）钢丝绳与曳引轮绳槽严重磨损或钢丝绳外表油脂过多。

（3）制动器闸瓦间隙太大或制动器弹簧的压力太小。

（4）上下平层磁开关或感应器位置有偏差，或上下极限开关位置装配有误。

2. 轿厢运行中晃动故障分析

（1）轿厢的固定导靴与主导轨之间，因磨损严重而产生较大间隙（纵向与横向的间隙）造成水平方向晃动（前后、左右晃动）。

（2）因滑动导靴或滚动导靴与导轨之间的剧烈摩擦，致使靴衬或橡胶滚轮严重磨损，造成轿厢垂直方向晃动（即轿厢前后倾斜）。

（3）导轨扭曲度（指导轨的轮廓不再是基于理想的轨迹，而是出现了扭曲或变形），两导轨的平行度和两轨距尺寸有偏差，造成超差。

（4）各钢丝绳张紧力不均，未达到拉力不小于 5％ 的标准。

3. 轿厢称重装置误动作或失灵故障分析

（1）称重装置因机械装置定位偏移或开关位置偏移，致使超载开关误动作。

（2）轿厢活动轿底的减振橡胶固定螺钉松动，当乘客进出轿厢时使轿底不稳，而且会诱发超载开关误动作。

4. 轿厢运行中有磕碰声故障分析

（1）补偿链未消除应力，产生扭曲，容易与底坑缓冲装置、导向杆碰撞产生声响。

（2）随行电缆未消除应力，产生扭曲，容易擦碰轿壁。

（3）导靴靴衬磨损严重，致使导轨与导轨间隙过大，引起门刀轻微擦碰厅门护板。

5. 轿厢运行中有异常的振动声故障分析

（1）承重梁整体平面度不达标或未采取减振措施而引起主机振动。

（2）电机输出轴或蜗杆轴的轴承已坏或轴承滚道变形；曳引轮的轴承已坏；电机轴和曳引机主轴与联轴器同轴度偏差过大。

（3）蜗轮副啮合不好或蜗轮副不在同一个中心平面上，造成啮合位置偏移；蜗杆的分头精度偏差或齿厚偏差过大而引起传动振动。

（4）各曳引钢丝绳由于未达到均衡受力一致，造成钢丝绳与绳槽磨损不一，引起各钢丝绳运动线速度不一，致使轿厢上横梁在绳头弹簧的作用下而振动。

（5）轿厢架变形造成安全钳座体与导轨端面擦碰产生振动。同时会拉毛导轨端面，导致轿厢架相关紧固件松动，或轿壁螺钉松动，或轿底减振垫块脱落。

（6）固定导靴、滑动导靴或滚动导靴与导轨配合间隙过大或磨损；两导轨轨距有变化或导轨压板松动而引起运行飘移振动。

6. 电梯轿厢下行时突然制停故障分析

（1）限速器调整不当，离心块弹簧老化，在其拉力未能克服动作速度的离心力时，离心块被甩出，使齿块卡住棘轮齿槽，引起安全钳误动作。或者运转零件严重缺油，引起发胀咬轴。

（2）限速器钢丝绳调整不当，其张紧力不够或钢丝绳直径变化，引起钢丝绳过度伸长，导致断绳开关动作。

（3）导轨直线度偏大，与安全钳楔块间隙过小。在轿厢运行时晃动，擦碰导轨，引起摩擦阻力，致使安全钳楔块误动作。

7. 电梯轿厢上行下沉后，再启动下行时有突然的下沉感觉故障分析

（1）如果对重较轻，当轿厢上行至顶层端站，再准备满载下行，在启动瞬间，轿厢有突然失重下沉的感觉，之后下行。

（2）如果轿厢下行至基站，再准备满载上行，在启动瞬间，轿厢也同样有失重下沉的感觉，之后再上行。

（3）蜗轮副啮合间隙和侧隙过大，且联轴器存在配合间隙会产生此类感觉。或同步曳引机制动器闸瓦制动间隙过大，也会产生同样的感觉。

8. 电梯 2∶1 拖动方式，在运行过程中，对重轮或轿顶轮噪声严重故障分析

（1）对重轮或轿顶轮轴承严重缺油，引起轴承磨损，或者轴承内在质量不好，滚子和滚边的重合度形状偏差过大或保护圈间隙过大。

（2）对重轮架或轿顶轮架紧固螺栓松动，对重轮或轿顶轮绳槽轴向跳动引起左右晃动旋转。在严重缺油的状态下，会造成轴承磨损而产生咬轴现象。严重的话，将诱发钢丝绳脱离绳轮及轴，引起轿厢坠落安全事故发生。

（三）故障排除

1. 工具准备

① 防护工具（表 7-2-2）。

表 7-2-2　防护工具一览表

安全帽	防护手套	安全鞋

② 维保工具（表7-2-3）。

表 7-2-3　维保工具一览表

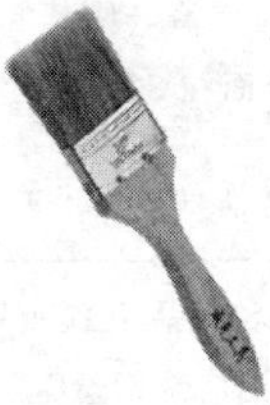 刷子	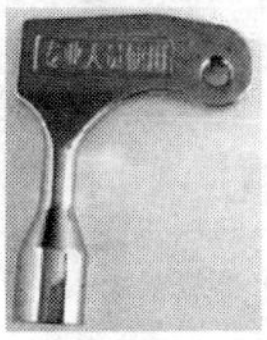 三角钥匙	 清洁布
 螺钉旋具	 围栏	 门阻止器
 锁具	 扳手	 水平尺
 万用表	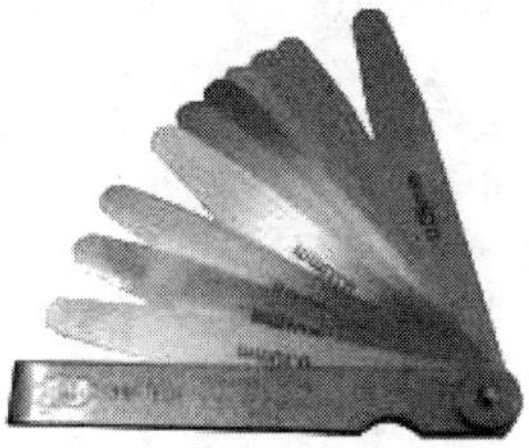 塞尺	 钢尺
 手动倒链	 卷尺	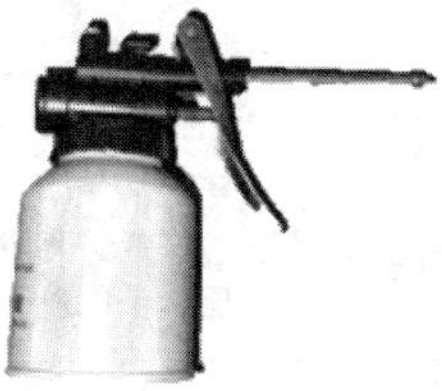 油枪

2. 故障维修过程

① 电梯轿厢蹲底和冲顶的维修过程，见表7-2-4。

七

表 7-2-4　轿厢蹲底和冲顶故障维修过程

步骤	操作过程
第 1 步	将电梯上下运行，目测轿厢是否有溜车现象，如有此现象，应调整抱闸弹簧，使其制动力加大，或检查制动器，调整闸瓦间隙不大于 0.7mm，且保证四周均匀，接触啮合面在 80% 以上
第 2 步	检查和调整上/下平层的光电（感应）开关和极限开关位置，以及检查碰铁（打板）工作位置
第 3 步	对于运行时间较长的电梯出现此类故障，应检查钢丝绳与绳槽之间有无油污，并检查钢丝绳与绳槽之间的磨损状况。如果磨损严重，则更换绳轮和钢丝绳；如果未磨损，则清洗钢丝绳与绳槽

② 轿厢运行中晃动的维修过程，见表 7-2-5。

表 7-2-5　轿厢运行中晃动故障维修过程

步骤	操作过程
第 1 步	检查固定导靴、滑动导靴的靴衬和滚动导靴胶轮有无磨损。如果导轨靴衬磨损量单边达到 1mm 以上应及时更换；胶轮脱胶、开裂应更换
第 2 步	检查导轨压导板是否松动；调整导轨的垂直度、相互平行度及导轨距离尺寸偏差符合要求
第 3 步	调整曳引绳张力，使其均值不大于 5% 的规定

③ 轿厢称重装置误动作或失灵的维修过程，见表 7-2-6。

表 7-2-6　轿厢称重装置误动作或失灵故障维修过程

步骤	操作过程
第 1 步	校正并紧固称重装置机械与电气开关装配位置。其位置应符合制造单位维护保养说明书的要求，如不符合要求，则需要调整
第 2 步	紧固减振橡胶固定螺钉，并校正其位置
第 3 步	上述检查在空载下进行，仍有问题，则用标准砝码做第二次称重试验

④ 轿厢运行中有磕碰声的维修过程，见表 7-2-7。

表 7-2-7　轿厢运行中有磕碰声的故障维修过程

步骤	操作过程
第 1 步	校正调整补偿链导向杆位置，在底坑把补偿链对重侧的固定端打开，以慢车模式将轿厢开到顶层，消除补偿链内应力
第 2 步	把轿底随行电缆固定端打开，消除随行电缆应力，把打开处串到轿底后锁住固定
第 3 步	检查或调整轿厢导靴靴衬或滚轮。如有必要，应及时更换轿厢导靴靴衬或滚轮

⑤ 轿厢运行中有异常振动声的维修过程，见表 7-2-8。

表 7-2-8　轿厢运行中有异常振动声的故障维修过程

步骤	操作过程
第 1 步	手触摸检查曳引机外壳是否有振动感；触摸检查电动机与承重梁是否有振动感。如果有振动感，可能是平面度误差造成的，应取垫片垫实消除振源
第 2 步	检查轿厢架固定螺栓是否松动，而导致倾斜。将电梯开到最低层，用木方垫在倾斜一侧，松开紧固螺栓，利用重力作用，用水平尺复核轿底板倾斜度，并紧固轿厢各螺栓；同时，校正安全钳钳口端面与导轨顶面间隙（约 5mm）、安全钳楔块与导轨配合间隙（通常固定侧 2.5mm，滑动侧 3.5mm）
第 3 步	检查轿厢导靴靴衬或滚轮胶圈磨损情况。如磨损过度，应更换导靴靴衬或橡胶滚轮胶圈
第 4 步	更换曳引钢丝绳以及修正曳引轮绳槽及调整绳头弹簧，确保各钢丝绳的张紧度一致
第 5 步	电机轴和蜗杆轴与联轴器同轴度偏差过大（通常刚性连接≤0.02mm，弹性连接≤0.1mm），以及蜗轮副啮合不好、轴承已坏等故障应由曳引机厂家的专业人员更换调整

⑥ 电梯轿厢下行时突然制停的维修过程，见表 7-2-9。

表 7-2-9　轿厢下行时突然制停故障维修过程

步骤	操作过程
第 1 步	检查和调整安全钳楔块与导轨之间的间隙（或导轨本身误差），保证间隙在固定侧 2.5mm、滑动侧 3.5mm。提拉装置应有良好的润滑
第 2 步	更换已变形的限速器钢丝绳，确保运行中无跳动
第 3 步	限速器定期保养或校验，去除污垢，加油润滑，保证旋转零件灵活运转。检查压缩弹簧动作是否可靠

⑦ 电梯轿厢上行下沉后，再启动下行时有突然的下沉感觉的维修过程，见表 7-2-10。

表 7-2-10　轿厢上行下沉后，再启动下行时有突然的下沉感觉故障维修过程

步骤	操作过程
第 1 步	先检查平衡系数是否符合要求，再检查曳引机制动器是否工作正常。验证轿厢在顶层端站，打开抱闸时，轿厢无溜车现象
第 2 步	验证轿厢在底层基站，打开抱闸时，轿厢无溜车现象
第 3 步	蜗轮副啮合间隙及联轴器同轴度问题，由专业人员调整或修理

⑧ 电梯 2∶1 拖动方式，在运行过程中，对重轮或轿顶轮噪声严重的维修过程，见表 7-2-11。

表 7-2-11　电梯 2∶1 拖动方式，在运行过程中，对重轮或轿顶轮噪声严重故障维修过程

步骤	操作过程
第 1 步	维修人员在轿顶开慢车至对重平齐位置，检查及紧固对重轮架、轿顶轮架的固定螺栓（或定位板）等

七

续表

步骤	操作过程
第2步	若因缺油而引起噪声，则用油枪充加钙基润滑脂润滑到位
第3步	更换对重轮或轿顶轮轴承。更换轴承时必须注意安全，施工方法如下：先开慢车，把轿厢开到顶层，用足够强度的木方或其他支撑物把对重平稳顶起，然后用手动倒链把轿厢吊起，脱卸曳引钢丝绳，然后，拆卸对重轮或轿顶轮，更换轴承

在实训基地进行实际操作时，按步骤进行操作，并根据过程中需要使用到的工具完成学生工作手册中的"工具、材料申领单"；根据实际操作步骤完成学生工作手册中的"作业过程记录表"。

任务评价

根据安全意识、电梯轿厢蹲底和冲顶的维修、职业规范和环境保护、电梯轿厢蹲底和冲顶维修记录单等四个方面的考核细则完成学生工作手册中的"电梯轿厢蹲底和冲顶的维修考核评价表"。

思考与练习题

1. 电梯轿厢运行产生振动时，主要有哪些方面的故障发生？
2. 电梯维护组织对电梯设备的维护有哪些方面的规定和要求？
3. 电梯轿底称重装置常见故障有哪些？如何解决？

任务三　门系统故障诊断与维修

任务导入

因电梯门系统故障致人伤亡事故，是电梯安全隐患中最难克服，也最受关注的。可见，完善与维护好电梯门系统，对于减少电梯事故的发生有着十分重大的意义。因此，有必要对电梯门系统中常见机械方面故障进行分析，以及提出相应的解决措施。

本任务通过学习门系统在运行中机械故障产生的原因，了解其现场常见的机械故障排除的方法；掌握在维修过程中进行故障处理的操作手法，并能熟练运用相关仪器与工具；知晓在门系统零部件维修处置过程中，需要注意的相关技术规范要求和安全操作事项。

学习目标

☞ 具备严格执行维修保养标准、精益求精的职业素养；
☞ 熟悉门系统相关零部件现场常见的机械故障产生原因及分析方法；
☞ 掌握门系统运行等故障诊断与技术处理的操作流程；
☞ 能对门系统运行方面的故障制订可行的维修计划，并正确记录其维修内容、调整原因和其他情况（特别是故障类型）等。

✈ 相关知识

一、机械系统故障及形成基本原因

电梯主要由机械系统、拖动回路、电气控制部分组成。拖动回路可属于电气系统，因此电梯的故障可以分为机械故障和电气故障。遇到故障时首先应确定故障属于哪个系统，是机械系统还是电气系统，接着再判断故障出自哪个元件或哪个动作部件的接点上。下面对电梯机械故障方面展开基础性分析。

1. 连接件松脱引起的故障

电梯在长期不间断运行过程中，由于振动、人为操作等而造成紧固件松动或松脱，使机械发生位移、脱落或失去原有精度，从而造成磨损，损坏电梯相关部件而造成安全故障或事件。

2. 自然磨损引起的故障

机械部件在运转过程中，必然会产生磨损，磨损到一定程度必须更换新的部件，所以电梯在运行一定时期后必须进行大检修，提前更换一些易损件，不能等出了故障再更换，那样就会造成事故或不必要的经济损失。在日常维修中，应及时发现滑动、滚动或运转部件的磨损情况，如不加以调整就会加速机械的磨损，从而造成机械磨损报废，或者造成事故或故障。此外，各种运转轴承、门靴等都是易磨损件，须定期更换。

3. 润滑系统引起的故障

润滑的作用是降低摩擦力，减少磨损，延长机械寿命，同时还起到冷却、防锈、减振、缓冲等作用。若润滑油太少、质量差、品种不对号或润滑不当，会造成机械部分过热、烧伤、抱轴或损坏。如门挂板组件的轴承无润滑油，极易磨损轴承，会造成异常响声或门关不到位等故障。

4. 机械疲劳造成的故障

某些机械部件经常不断地长时间受到弯曲、剪切等应力，会产生机械疲劳现象，机械强度塑性减小。某些零部件受力超过强度极限，产生断裂，造成机械事故或故障。如门联动机构钢丝绳，长时间受到拉应力与弯曲应力，又有磨损产生。若某股绳因受力过大首先断绳，则其余股绳的受力增大，最后造成全部断绳，可能引发事故。只有做好日常维保工作，定期检查有关部件及紧固件，调整部件的工作间隙，才能大大减少门系统的机械故障。

二、维修知识

《电梯施工类别划分表》对电梯安装、改造、修理、维护保养等行为做出了具体的规定，其中对电梯修理、维护保养行为进行了界定，可参见市场监管总局关于调整《电梯施工类别划分表》的通知（国市监特设函〔2019〕64 号）文件。

依据表中内容，对使用电梯的用户提供电梯维修服务方式的规定如下：通常分保养、修理和急修（应急处理）三种。根据表中施工内容及特性，应将急修内容与技术要求等归入电梯维护保养范围。当然，急修时，当电梯维修服务内容超过维护保养范围要求时，则需要与用户提出并签订产品修理合同。

三、标准链接

◆ **GB/T 18775—2009《电梯、自动扶梯和自动人行道维修规范》** 中关于
对电梯维护组织（企业）方面的相关规定，请扫描二维码。

▶标准链接◀

四、维修内容

GB/T 18775—2009《电梯、自动扶梯和自动人行道维修规范》附录 A 中电梯门系统检
查项目，详见表 7-3-1。

表 7-3-1 电梯门系统检查项目

序号	维修项目	维修要求
1	所有零部件	检查是否清洁、无腐蚀
2	层站出入口	检查层门锁、闭合触点的工作状态 检查层门是否能无阻碍地开门和关门 检查层门的导向装置 检查层门间隙 检查钢丝绳、链条或皮带（如果有）是否完整 检查紧急开锁装置 检查润滑状态
3	轿门	检查轿门的闭合触点或锁紧装置（如果有） 检查轿门是否能无阻碍地开门和关门 检查轿门的导向装置 检查轿门间隙 检查钢丝绳、链条（如果有）是否完整 检查门保护装置 检查润滑状态
4	平层	检查层站处的平层准确度
5	紧急报警装置	检查工作状态
6	层站控制和指示器	检查工作状态

任务实施

（一）故障现象

（1）电梯运行时，突然停止困人。
（2）电梯层门、轿门闭合时有撞击声。
（3）电梯轿厢运行中，在某层开门区域突然停止。
（4）电梯层门、轿门在开启与关闭时滑行异常。
（5）电梯无法启动运行（电器在正常状态，但关门后，电梯无法启动）。

（二）故障分析

1. 电梯运行时，突然停止困人故障分析

（1）轿门门刀触碰层门门锁滑轮。

（2）超载开关位置偏移误动作。

（3）安全钳钳口间隙太小，与导轨接触擦碰，导致安全钳误动作。

（4）限速器钢丝绳意外拉伸过长，使底坑断绳开关动作。

（5）限速器本身有故障，在没有超速运行的情况下误动作。

（6）突然停电跳闸。

（7）曳引机闷车，使热继电器跳闸。

2. 电梯层门、轿门闭合时有撞击声故障分析

（1）轿门扇与轿厢装饰柱间隙（企业标准间隙 5mm±1mm）太小，致使门扇与门柱（框）相互摩擦，产生撞击声。

（2）轿门安全触板调整不到位致使两触板相碰产生撞击声。

（3）轿门、厅门、门豆（胶条）缺损造成两门板产生撞击声。

（4）关门速度到位过快，使两门板产生撞击声。

3. 电梯轿厢运行中，在某层开门区域突然停止故障分析

（1）层门门锁故障引起门联锁开关断开，失电后电梯停车，其原因是层门门锁上的两个滚轮位置偏移，使轿厢运行中门刀撞碰滚轮，造成门联锁开关断电，使门联锁继电器释放，电梯被迫提前停车。

（2）厅门门锁啮合间隙过大，如果在厅门外扒门致使门联锁开关断开，从而造成电梯突然停梯。

4. 电梯层门、轿门在开启与关闭时滑行异常故障分析

（1）上门坎导轨与门地坎导槽不在同一个垂直平面上，使门板倾斜滑动，导致门靴与地坎导槽侧面摩擦严重；或门靴安装偏摆过大。

（2）门滑轮轴承磨损或上下门导轨有杂物或污垢。

（3）上门坎下沉，致使厅门轿门下移触碰地坎。

（4）厅门、轿门、门靴磨损严重或短缺。

（5）门挂板上偏心轮损坏或间隙偏小。

5. 电梯无法启动运行故障分析

从表面现象看电梯门已经关好，但门电联锁开关没有接通，使门锁继电器没有吸合，所以不能启动电梯。

（三）故障排除

1. 工具准备

① 防护工具（表 7-3-2）。

表 7-3-2　防护工具一览表

安全帽	防护手套	安全鞋

② 维保工具（表7-3-3）。

表7-3-3 维保工具一览表

 刷子	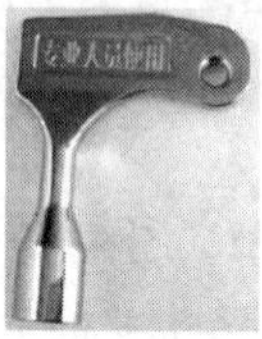 三角钥匙	 清洁布
 螺钉旋具	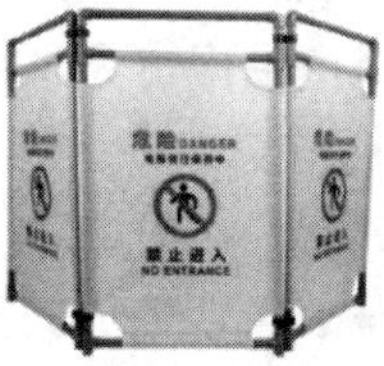 围栏	 门阻止器
 锁具	 扳手	 卷尺
 万用表	 工具箱	 钢尺
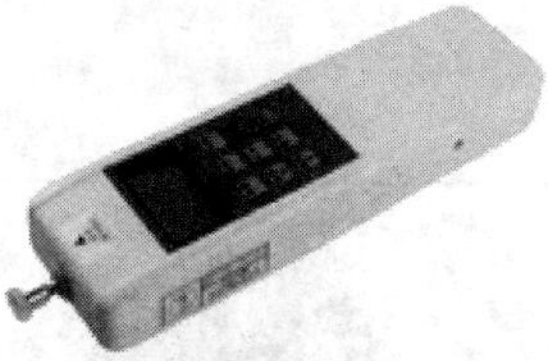 推拉力器	 游标塞尺	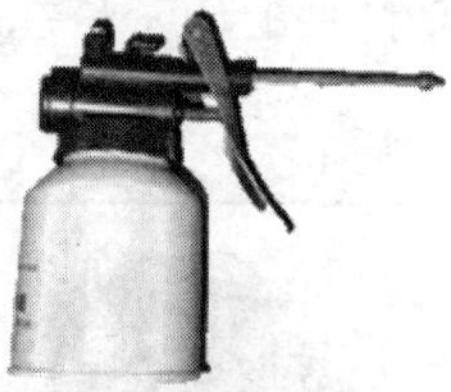 油枪

2. 故障维修过程

① 电梯运行时，突然停止困人的维修过程，见表7-3-4。

表 7-3-4 电梯运行时，突然停止困人故障操作过程

步骤	操作过程
第1步	首先放人： 1. 电梯管理员或维修人员先要安抚乘客不要惊慌，然后切断电梯电源，用松闸手柄扳开制动器盘或飞轮，将轿厢盘车到接近层楼平层位置，用三角钥匙打开层门及轿门，释放乘客。 2. 电源在正常情况下，而且轿厢停留在上/下层楼，维修人员可以打开层门在轿顶上操作检修开关，将转换开关拨向检修位置，使电梯处于检修状态，操作检修按钮，开慢车至层站释放乘客
第2步	根据上述各种故障的类型予以检查与排除故障： 1. 若外来电源断电或电网电压波动较大，引起跳闸的，只有等待外来的正常电源恢复正常。 2. 维修人员在轿顶上，将检修开关拨向检修位置，慢车向上/下运行检查。 ① 如果不能向上运行，应检查上限位开关是否损坏和断路，及检查碰铁距离是否太小，如存在问题，应予以调节和修复。检查通电后制动器抱闸是否打开，线圈是否得电。如果抱闸未打开，则检查制动装置的调节螺钉是否松动或闸瓦的间隙是否太小。 ② 如果不能向下运行，应检查下限位开关是否损坏和断路，如存在问题，应予以调节和修复。检查安全钳是否误动作，使轿厢卡住，不能向下运行。调整和修复楔块与导轨的间隙。 ③ 如果上/下方向均不能运行，应检查各安全开关是否误动作，造成安全回路接触器不吸合，电梯不能运行；同时恢复各安全开关。 ④ 在轿顶开慢车检查原故障区域的门刀与门锁滚轮的位置与间隙，同时进行调整其间隙（通常企业标准为前 6mm，后 12mm）。 ⑤ 称重装置在轿厢运行时，出现超载信号而停梯，应重新调整超载开关位置及其他，并对开关及相应构件予以紧固

② 电梯层门、轿门闭合时有撞击声的维修过程，见表 7-3-5。

表 7-3-5 层门、轿门闭合时有撞击声故障维修过程

步骤	操作过程
第1步	重新调整轿门与门柱（框）之间间隙，使间隙值达到企业安装标准 5mm±1mm
第2步	重新调整两安全触板（如果有）伸缩量，使伸缩量达到安装标准，通常其伸缩量不大于 25mm
第3步	重新更换轿门、层门的门豆或胶条
第4步	重新调整关门速度，使两门板关闭至 50mm 时，其减速度逐步为零速

③ 电梯轿厢运行中，在某层开门区域突然停止的维修过程，见表 7-3-6。

表 7-3-6 轿厢运行中，在某层开门区域突然停止故障维修过程

步骤	操作过程
第1步	校正、调整层门门锁位置；检查轿门门刀固定是否可靠。并确认调整轿门门刀与层门滚轮的配合间隙（标准为前 6mm，后 12mm）达标
第2步	校正、调整各层门门锁的锁钩与锁座的啮合间隙，使其在水平方向上满足 2mm±1mm。并验证人为扒门时，门联锁电气开关应始终保持闭合状态

④ 电梯层门、轿门在开启与关闭时滑行异常的维修过程，见表 7-3-7。

七

表 7-3-7 层门、轿门在开启与关闭时滑行异常故障维修过程

步骤	操作过程
第 1 步	校正并调整上门坎导轨与门地坎导槽垂直度标准为 1/1000；同时，校正或调整厅门地坎平面的水平度为 2/1000
第 2 步	清理上下门坎杂物和油污，并润滑各门轮轴承
第 3 步	调整厅门、轿门上门坎高度，使厅门、轿门板端部与地坎表面达到 5mm±1mm 间隙
第 4 步	更换相应厅门或轿门门靴，并检查门靴在地坎槽内滑动是否顺畅
第 5 步	调整相应厅门或轿门门挂板上偏心轮间隙（≤0.5mm）

⑤ 电梯无法启动运行的维修过程，见表 7-3-8。

表 7-3-8 电梯无法启动运行故障维修过程

步骤	操作过程
第 1 步	检查门锁，如损坏，则更换门锁。并确认关门后，门电联锁开关接触良好
第 2 步	若门锁没问题，则调整门锁锁钩的相应位置，确认关门后，门电联锁开关接触良好

在实训基地进行实际操作时，按步骤进行操作，并根据过程中需要使用到的工具完成学生工作手册中的"工具、材料申领单"；根据实际操作步骤完成学生工作手册中的"作业过程记录表"。

任务评价

根据"安全意识""电梯运行时，突然停止困人维修""职业规范和环境保护""电梯运行时，突然停止困人维修记录单"等四个方面的考核细则完成学生工作手册中的"电梯运行时，突然停止困人的维修考核评价表"。

思考与练习题

1. 电梯维护组织应定期开展哪些方面的维护工作？
2. 分析电梯轿厢运行中，在某层开门区域突然停止的故障原因及采取的维修措施。
3. 分析电梯层门、轿门在开启与关闭时滑行异常的故障原因及处置方法。

附录 电梯维修技术资料

附录一 电梯故障代码对照表

故障代码	故障描述	故障原因	处理方法	类别
Err02	加速过电流	◆ 主回路输出接地或短路； ◆ 电机参数调谐不当； ◆ 负载太大； ◆ 编码器信号不正确； ◆ UPS运行反馈信号不正常	◆ 检查控制器输出侧运行接触器是否正常； ◆ 检查动力线是否有表层破损，是否有对地短路的可能性，连线是否牢靠； ◆ 检查电机侧接线端是否有铜丝搭地，检查电机内部是否短路或搭地； ◆ 检查封星接触器是否造成控制器输出短路； ◆ 检查电机参数是否与铭牌相符； ◆ 重新进行电机参数自学习； ◆ 检查抱闸报故障前是否持续张开，检查是否有机械上的卡死； ◆ 检查平衡系数是否正确； ◆ 检查编码器相关接线是否正确可靠，异步电机可尝试开环运行，比较电流，以判断编码器是否工作正常； ◆ 检查编码器每转脉冲数设定是否正确；检查编码器信号是否受干扰；检查编码器走线是否独立穿管，走线距离是否过长；屏蔽层是否单端接地； ◆ 检查编码器安装是否可靠，旋转轴是否与电机轴连接牢靠，高速运行中是否平稳； ◆ 检查在非UPS运行的状态下，UPS反馈是否有效（Err02）； ◆ 检查加/减速度是否过大（Err02、Err03）	5A
Err03	减速过电流	◆ 主回路输出接地或短路； ◆ 电机参数调谐不当； ◆ 负载太大； ◆ 减速曲线太陡； ◆ 编码器信号不正确		5A
Err04	恒速过电流	◆ 主回路输出接地或短路； ◆ 电机参数调谐不当； ◆ 负载太大； ◆ 旋转编码器干扰大		5A

续表

故障代码	故障描述	故障原因	处理方法	类别
Err05	加速过电压	◆ 输入电压过高； ◆ 电梯倒拉严重； ◆ 制动电阻选择偏大，或制动单元异常； ◆ 加速曲线太陡	◆ 调整输入电压，观察母线电压是否正常，运行中是否上升太快； ◆ 检查平衡系数； ◆ 选择合适制动电阻，参照制动电阻推荐参数表观察是否阻值过大； ◆ 检查制动电阻接线是否有破损，是否有搭地现象，接线是否牢靠	5A
Err06	减速过电压	◆ 输入电压过高； ◆ 制动电阻选择偏大，或制动单元异常； ◆ 减速曲线太陡		5A
Err07	恒速过电压	◆ 输入电压过高； ◆ 制动电阻选择偏大，或制动单元异常		5A
Err08	维保提醒故障	◆ 在设定的时间内，电梯没有进行断电维保	◆ 对电梯进行断电维保； ◆ 取消 F9-13 保养天数检测功能； ◆ 与代理商或厂家联系	5A
Err09	欠电压故障	◆ 输入电源瞬间停电； ◆ 输入电压过低； ◆ 驱动控制板异常	◆ 检查是否有运行中电源断开的情况； ◆ 检查所有电源输入线接线桩头是否连接可靠； ◆ 与代理商或厂家联系	5A
Err10	驱动器过载	◆ 抱闸回路异常； ◆ 负载过大； ◆ 编码器反馈信号不正常； ◆ 电机参数不正确； ◆ 电机动力线接线故障	◆ 检查抱闸回路、供电电源； ◆ 减小负载； ◆ 检查编码器反馈信号及设定是否正确，同步电机编码器初始角度是否正确； ◆ 检查电机相关参数，并调谐； ◆ 检查电机相关动力线（参见 Err02 处理方法）	4A
Err11	电机过载	◆ FC-02 设定不当； ◆ 抱闸回路异常； ◆ 负载过大	◆ 调整参数，可保持 FC-02 为缺省值； ◆ 参见 Err10	3A
Err12	输入侧缺相	◆ 输入电源不对称； ◆ 驱动控制板异常	◆ 检查输入侧三相电源是否平衡，电源电压是否正常，调整输入电源； ◆ 与代理商或厂家联系	4A
Err13	输出侧缺相	◆ 主回路输出接线松动； ◆ 电机损坏	◆ 检查连线； ◆ 检查输出侧接触器是否正常； ◆ 排除电机故障	4A
Err14	模块过热	◆ 环境温度过高； ◆ 风扇损坏； ◆ 风道堵塞	◆ 降低环境温度； ◆ 清理风道； ◆ 更换风扇； ◆ 检查控制器的安装空间距离是否符合要求	5A

续表

故障代码	故障描述	故障原因	处理方法	类别
Err15	输出侧异常	◆ 制动输出侧短路； ◆ UVW 输出侧工作异常	◆ 检查制动电阻、制动单元接线是否正确，确保无短路； ◆ 检查主接触器工作是否正常； ◆ 与厂家或代理商联系	5A
Err16	电流控制故障	◆ 励磁电流偏差过大； ◆ 力矩电流偏差过大； ◆ 超过力矩限定时间过长	◆ 检查编码器回路； ◆ 输出空开断开； ◆ 电流环参数太小； ◆ 零点位置不正确； ◆ 负载太大	5A
Err17	编码器基准信号异常	◆ Z 信号到达时与绝对位置偏差过大； ◆ 绝对位置角度与累加角度偏差过大	◆ 检查编码器是否正常； ◆ 检查编码器接线是否可靠正常； ◆ 检查 PG 卡连线是否正确； ◆ 控制柜和主机接地是否良好	5A
Err18	电流检测故障	◆ 驱动控制板异常	◆ 与代理商或厂家联系	5A
Err19	电机调谐故障	◆ 电机无法正常运转； ◆ 参数调谐超时； ◆ 同步机旋转编码器异常	◆ 正确输入电机参数； ◆ 检查电机引线，及输出侧接触器是否缺相； ◆ 检查旋转编码器接线，确认每转脉冲数设置正确； ◆ 不带载调谐的时候，检查抱闸是否张开； ◆ 同步机带载调谐时是否没有完成调谐就松开了检修运行按钮	5A
Err20	速度反馈错误故障	1：辨识过程 AB 信号丢失； 4：辨识过程检测不到 Z 信号； 5：SIN_COS 编码器 CD 断线； 7：UVW 编码器 UVW 断线； 8：角度偏差过大； 10、11：SIN_COS 编码器的 AB 或者 CD 信号受干扰； 13：运行过程中 AB 信号丢失； 14：运行过程中 Z 信号丢失； 19：低速运行过程中 AB 模拟量信号断线	1、4、5、7、8、10、11、13、14、19：检查编码器各相信号接线	5A
		3：电机线序接反	3：调换电机 UVW 三相中任意两相的线序	
		9：超速或者速度偏差过大	9：检查同步机 F1-00/12/25 是否设定正确	
		12：转矩限定，测速为 0	12：检查运行中是否有机械上的卡死；检查运行中抱闸是否已打开	
		55：调谐中，CD 信号错误或者 Z 信号严重干扰错误	55：检查接地情况，处理干扰	

续表

故障代码	故障描述	故障原因	处理方法	类别
Err22	平层信号异常	101：楼层切换过程中，平层信号粘连； 102：从电梯启动到楼层切换过程中，没有检测到平层信号的下降沿	101、102：检查平层、门区感应器是否工作正常；检查平层插板安装的垂直度与深度；检查主控制板平层信号输入点	1A
		103：电梯在自动运行状态下，平层位置校验脉冲偏差过大	103：检查钢丝绳是否存在打滑	1A
Err24	RTC 时钟故障	101：控制板时钟信息异常	101：更换时钟电池；更换主控板	3B
Err25	存储数据异常	101、102：主控制板存储数据异常	101、102：与代理商或厂家联系	4A
Err26	地震信号	101：地震信号有效，且大于 2s	101：检查地震输入信号与主控板参数设定是否一致（常开，常闭）	3B
Err29	封星接触器反馈异常	101：同步机封星接触器反馈异常	101：检查封星接触器反馈输入信号状态是否正确（常开，常闭）；检查接触器及相对应的反馈触点动作是否正常；检查封星接触器线圈电路	5A
Err30	电梯位置异常	101、102：快车运行或返平层运行模式下，运行时间大于 F9-02 和（FA-38＋10）两者最小值，但平层信号无变化	101、102：检查平层信号线连接是否可靠，是否有可能搭地，或者与其他信号短接；检查楼层间距是否较大，导致返平层时间过长；检查编码器回路，是否存在信号丢失	4A
Err33	电梯速度异常	101：快车运行超速	101：确认旋转编码器使用是否正确；检查电机铭牌参数设定；重新进行电机调谐	5A
		102：检修或井道自学习运行超速	102：尝试降低检修速度，或重新进行电机调谐	5A
		103：自溜车运行超速	103：检查封星功能是否有效	5A
		104：应急运行超速； 105：开启了 F6-45 的 Bit8 应急运行时间保护，运行超过 50s 报超时故障	104、105：查看应急电源容量是否匹配；检查应急运行速度设定是否正确	5A
Err34	逻辑故障	◆ 控制板冗余判断，逻辑异常	◆ 与代理商或厂家联系，更换控制板	5A
Err35	井道自学习数据异常	101：自学习启动时，当前楼层不是最小层或下一级强迫减速无效	101：检查下一级强迫减速是否有效；当前楼层 F4-01 是否为最低层	4C
		102：井道自学习过程中检修开关断开	102：检查电梯是否在检修状态	4C
		103：上电判断未进行井道自学习； 104：距离控制模式下，启动运行时判断未进行井道自学习	103、104：进行井道自学习	4C

续表

故障代码	故障描述	故障原因	处理方法	类别
Err35	井道自学习数据异常	105：电梯运行与脉冲变化方向不一致	105：确认电梯运行时变化是否与 F4-03 的脉冲变化一致；电梯上行，F4-03 增加；电梯下行，F4-03 减小。如果不一致，请通过 F2-10 调整至一致	4C
		106、107、109、114：上下平层感应到的插板脉冲长度异常	106、107、109、114：平层感应器常开常闭设定错误；平层感应器信号有闪动，请检查插板是否安装到位，检查是否有强电干扰；异步电梯，隔磁板是否太长	4C
		108、110：自学习平层信号超过 45s 无变化	108、110：检查平层感应器接线是否正常；检查楼层间距是否过大，导致运行 超时	4C
		111、115：存储的楼高小于 50cm	111、115：若有楼层高度小于 50cm，请开通超短层功能；若无，请检查这一层的插板安装，或者检查感应器	4C
		112：自学习完成当前层不是最高层	112：最大楼层 F6-00 设定太小，与实际不符	4C
		113：脉冲校验异常	113：检查平层感应器信号是否正常，重新进行井道自学习	4C
Err36	运行接触器反馈异常	101：运行接触器未输出，但运行接触器反馈有效； 102：运行接触器有输出，但运行接触器反馈无效； 104：运行接触器复选反馈点动作状态不一致	101、102、104：检查接触器反馈触点动作是否正常；确认反馈触点信号特征（常开、常闭）	5A
		103：异步电机启动电流过小	103：检查电梯一体化控制器的输出线 UVW 是否连接正常；检查运行接触器线圈控制回路是否正常	5A
Err37	抱闸接触器反馈异常	101：抱闸接触器输出与抱闸反馈状态不一致； 102：复选的抱闸接触器反馈点动作状态不一致； 103：抱闸接触器输出与抱闸反馈 2 状态不一致； 104：复选的抱闸反馈 2 反馈点动作状态不一致	101～104：检查抱闸线圈及反馈触点是否正确；确认反馈触点的信号特征（常开、常闭）；检查抱闸接触器线圈控制回路是否正常	5A
Err38	旋转编码器信号异常	101：F4-03 脉冲信号无变化时间超过 F1-13 时间值； 102：运行方向和脉冲方向不一致	101、102：确认旋转编码器使用是否正确；更换旋转编码器的 A、B 相；检查系统接地与信号接地是否可靠；检查编码器与 PG 卡之间线路是否正确	5A
Err39	电机过热故障	101：电机过热继电器输入有效，且持续一定时间	101：检查热保护继电器座是否正常；检查电机是否使用正确，电机是否损坏；改善电机的散热条件	3A

故障代码	故障描述	故障原因	处理方法	类别
Err40	电梯运行超时	◆ 电梯运行超时	◆ 请检查参数，或联系代理商、厂家解决	4B
Err41	安全回路断开	101：安全回路信号断开	101：检查安全回路各开关，查看其状态；检查外部供电是否正确；检查安全回路接触器动作是否正确；检查安全反馈触点信号特征（NO/NC）	5A
Err42	运行中门锁断开	101：电梯运行过程中，门锁反馈无效	101：检查厅门、轿门门锁是否连接正常；检查门锁接触器动作是否正常；检查门锁接触器反馈点信号特征（NO/NC）；检查外围供电是否正常	5A
Err43	上限位信号异常	101：电梯向上运行过程中，上限位信号动作	101：检查上限位信号特征（NO/NC）；检查上限位开关是否接触正常；限位开关安装偏低，正常运行至端站也会动作	4C
Err44	下限位信号异常	101：电梯向下运行过程中，下限位信号动作	101：检查下限位信号特征（NO/NC）；检查下限位开关是否接触正常；限位开关安装偏高，正常运行至端站也会动作	4C
Err45	强迫减速开关异常	101：井道自学习时，下强迫减速距离不足； 102：井道自学习时，上强迫减速距离不足； 103：正常运行时，强迫减速位置异常	101~103：检查上、下1级减速开关接触是否正常；检查上、下1级减速信号特征（NO/NC）	4B
		104、105：一级强迫减速有效时速度超过电梯最大运行速度	104、105：确认强迫减速安装距离满足此梯速下的减速要求	4B
Err46	再平层异常	101：再平层运行，平层信号都无效	101：检查平层信号是否正常	2B
		102：再平层速度超过0.1m/s	102：检查旋转编码器使用是否正确	2B
		103：快车运行启动时，再平层状态有效且有封门反馈； 104：再平层运行时封门输出2s后没有收到封门反馈或门锁信号	103、104：检查平层感应器信号是否正常； 检查封门反馈输入点（常开、常闭）；检查SCB-A板继电器及接线	2B
Err47	封门接触器异常	101：再平层或者提前开门运行，封门接触器输出，连续2s但封门反馈无效； 102：再平层或者提前开门运行，封门接触器无输出，封门反馈有效连续2s； 103：再平层或者提前开门运行，封门接触器输出时间大于15s	101、102：检查封门接触器反馈输入点（常开、常闭）；检查封门接触器动作是否正常； 103：检查平层、再平层信号是否正常；检查再平层速度设置是否太低	2B
Err48	开门故障	101：连续开门不到位次数超过Fb-13设定	101：检查门机系统工作是否正常；检查轿顶控制板输出是否正常；检查开门到位信号、门锁信号是否正确	5A

续表

故障代码	故障描述	故障原因	处理方法	类别
Err49	关门故障	101：连续关门不到位次数超过 Fb-13 设定	101：检查门机系统工作是否正常； 检查轿顶控制板输出是否正常； 检查关门到位、门锁动作是否正常	5A
Err50	平层信号连续丢失	◆ 连续 3 次检测到平层信号粘连或丢失（即连续 3 次报 Err22）	◆ 检查平层、门区感应器是否工作正常； ◆ 检查平层插板安装的垂直度与深度； ◆ 检查主控制板平层信号输入点； ◆ 检查钢丝绳是否存在打滑	5A
Err51	CAN 通信故障	101：与轿顶板 CAN 通信持续一定时间收不到正确数据	101：检查通信线缆连接； 检查轿顶控制板供电； 检查一体化控制器 24V 电源是否正常； 检查是否存在强电干扰通信	1A
Err52	外召通信故障	101：与外呼 Modbus 通信持续一定时间收不到正确数据	101：检查通信线缆连接； 检查一体化控制器的 24V 电源是否正常； 检查外召控制板地址设定是否重复； 检查是否存在强电干扰通信	1A
Err53	门锁故障	101：开门过程中门锁反馈信号同时有效，时间大于 3s	101：检查门锁回路动作是否正常； 检查门锁接触器反馈触点动作是否正常； 检查在门锁信号有效的情况下系统是否收到了开门到位信号	5A
		102：多个门锁反馈信号状态不一致，时间大于 2s	102：厅门、轿门门锁信号分开检测时，厅门、轿门门锁状态不一致	5A
Err54	检修启动过电流	◆ 检修运行启动时，电流超过额定电流的 110%	◆ 减轻负载； ◆ 更改功能码 FC-00 Bit1 为 1，取消检测启动电流功能	5A
Err55	换层停靠故障	101：电梯在自动运行时，本层开门不到位	101：检查该楼层开门到位信号	1A
Err57	SPI 通信故障	101、102：SPI 通信异常，与 DSP 通信连续 2s 接收不到正确数据	101、102：检查控制板和驱动板连线是否正确	5A
		103：专机主控板与底层不匹配故障	103：联系代理商或者厂家	5A
Err58	位置保护开关异常	101：上下一级强迫减速同时断开	101、102：检查强迫减速开关、限位开关 NO/NC 属性与主控板； 检查参数 NO/NC 设置是否一致； 检查强迫减速开关、限位开关是否误动作	4B
		102：上下限位反馈同时断开		
Err62	模拟量断线	◆ 轿顶板或主控板模拟量输入断线	◆ 检查模拟量称重通道选择 F5-36 是否设置正确； ◆ 检查轿顶板或主控板模拟量输入接线是否正确，是否存在断线	1A

附录二　曳引式电梯各部件润滑及换油周期表

部件	润滑部件	加油及清洗换油周期	润滑剂（油）
减速箱	（1）油箱 （2）蜗轮和蜗杆轴的滚动轴承	（1）减速箱油箱内的油：对新梯而言，半年内检查一次，发现杂质及时更换，后每年换油一次。或根据随机文件要求更换 （2）每月挤加一次，每年清洗换油一次。或根据随机文件要求更换	（1）应根据随机文件要求注入所需油料 （2）通常采用钙基润滑脂
制动器	（1）制动器销轴 （2）电磁铁可动铁芯与铜套之间	（1）每半月加一次 （2）一般要求每半年检查一次，每年加一次	（1）一般使用机油 （2）采用石墨粉，可用铅笔芯研粉代替
电动机	（1）滚动轴承 （2）滑动轴承	（1）每季至半年挤加一次，每年清洗换油一次 （2）每年换油一次，或根据随机文件要求加上适量的油	（1）钙基润滑脂 （2）一般使用机油或规定的油号
导向轮、轿顶轮、对重轮、复绕轮	轴与轴套之间	每季至半年挤加一次，或根据随机文件要求，来确定挤加油的周期	钙基润滑脂
装有油盒的滑动导靴	导靴上润滑装置（油盒内油量及油质）	每半月检查一次油盒内油量和油质，发现不符合要求时，应及时加油或更换。同时要求每年用煤油清洗轿厢导轨和对重导轨工作面一次	根据油盒内所要求的油型号和规格而定，一般用机油
滚轮导靴	滚轮导靴轴承	根据具体情况来定，一般情况下，每季挤加一次，每年清洗换油一次	钙基润滑脂
门系统	（1）轿门、层门门滑板滚轮及自动门锁各滚轮轴承 （2）层门、轿门导轨 （3）自动门机构传动上各滚动轴承和销轴 （4）自动门机构钢丝绳 （5）安全触板销轴 （6）门电动机轴承	（1）一般要求每半月挤加一次，每年清洗换油一次 （2）每月擦洗一次，并加少量的润滑油 （3）一般要求每半月挤加一次，每年清洗换油一次 （4）一般情况下，每季擦拭一次，并防锈处理 （5）一般情况下，每半月滴加一次 （6）一般情况下每季挤加一次，每年清洗换油一次	（1）钙基润滑脂 （2）机油 （3）钙基润滑脂、机油 （4）机油（防腐蚀） （5）机油 （6）钙基润滑脂
安全钳	安全钳联动杠杆	一般情况下每半月至半年应加润滑油一次	机油
编码器	轴与轴套之间	一般情况下，每半年加一次，每年清洗换油一次，或根据随机文件要求更换	钙基润滑脂
限速器	限速器旋转轴、销、张紧轮与轴套	每月、季至半年挤加一次；每年清洗换油一次	钙基润滑脂
极限开关	极限开关销轴	一般要求每季至半年应滴油一次	机油
缓冲器	（1）油压式 （2）弹簧式	（1）每半年补充加油一次，每两年清洗换油一次；柱塞处每季擦拭一次，并防锈处理 （2）每半年擦拭一次，并防锈处理	（1）按随机文件 （2）钙基润滑脂

参考文献

[1] 程一凡. 电梯结构与原理 [M]. 2 版. 北京：化学工业出版社，2020.

[2] 李乃夫. 电梯维修与保养 [M]. 2 版. 北京：机械工业出版社，2021.

[3] 马幸福. 电梯法规与标准 [M]. 3 版. 北京：化学工业出版社，2024.

[4] 陈炳炎，武斌，吴哲. 电梯工程项目管理与安全技术 [M]. 2 版. 北京：化学工业出版社，2020.

[5] 刘洪斌. 浅析电梯维修保养常见问题及解决措施 [J]. 中国设备工程，2023（23）：50-52.

[6] 张盼盼，张林镕，陈飞，等. 曳引电梯部件故障相关性分析 [J]. 科学技术与工程，2024，24（09）：3930-3938.

[7] 尹志宇. 电梯用钢丝绳的损坏检验及维护保养分析 [J]. 中国设备工程，2025（2）：145-147.

[8] 蔡燕. 电梯鼓式制动器拆解保养要求及检查关注要点 [J]. 中国电梯，2024，35（4）：77-79.

电梯保养与维修

学生工作手册

化学工业出版社

·北京·

目　　录

电梯作业安全操作规则及操作要点

一、 电梯重要规则

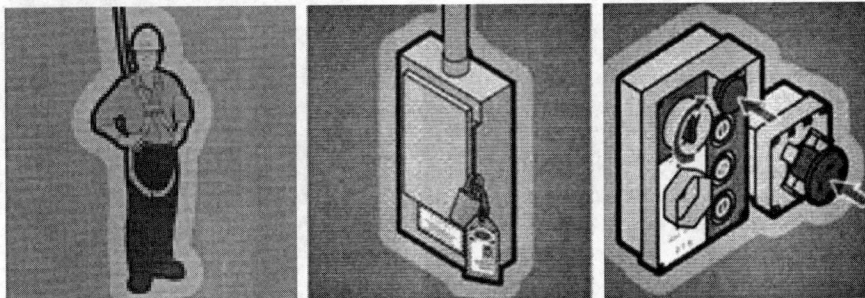

- 确保——任何时候只要存在坠落危险就要使用坠落保护装置。
- 确保——只要工作时不需要带电作业就遵守上锁挂牌程序。
- 持续——当进出轿顶、底坑及在井道工作时应对电梯持续控制。

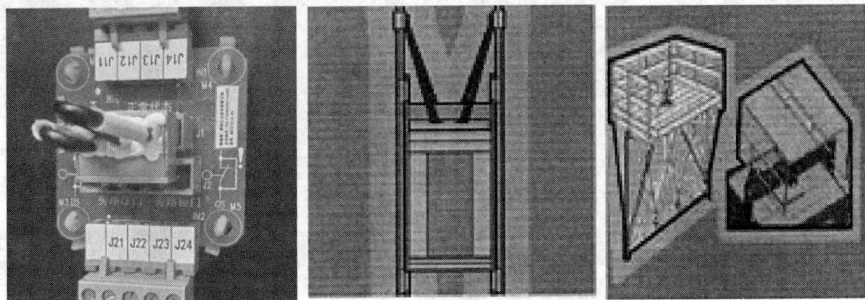

- 永久——在安全回路检修时，严守电梯控制程序，正确使用层、轿门旁路操作装置。
- 永久——当使用起吊设备和机械锁闭电梯设备时，遵守安全操作的程序。
- 永久——当使用安装平台和临时电梯时，遵循安全控制程序。

- 严禁——将身体及衣物任何部位靠近设备转动部分。
- 严禁——在轿顶上工作时，使用正常速度运行电梯。

二、电梯安全操作四大要点

1. 进出轿顶程序

（1）在进入轿顶进行维修与保养工作前，必须对电梯进行测试控制和验证控制工作。

（2）在进出井道之前必须检查确认急停开关，此要求保持到操作者从井道内出来为止。

（3）在井道内作业时，务必完全控制电梯，做好动手前的风险管控。

（4）确认电路开关。在确认出入口急停、检修开关时，一次只能确认一个电路开关。

（5）注意，在进行确认电路时要时刻记住电梯处于运行状态，这意味着确认完电路开关之后，电梯随时可能移动。

2. 进出底坑程序

（1）在进入底坑进行清洁保养等工作前，必须对电梯进行测试控制和验证控制工作。

（2）在进出底坑之前必须检查确认急停开关，此要求保持到工作者从井道内出来为止。

（3）在底坑内作业时，一定要完全控制好电梯，杜绝意外移动。

3. 上锁挂牌程序

进行任何一项不需要电能的工作时，电能量要处于"零"能量状态，并确认其锁定情况。

"零"能量——为彻底排除存在的危险而控制或解除能量的行为。

（1）根据实施作业的性质，凡不必要的设备都要处于"零"能量状态，其电源总开关须实施断电和上锁挂牌。

（2）设备有上锁装置或其他代用方案，使其维持在"零"能量状态。

（3）检查设备能量状态之前应校验电工万用表是否正常工作。

4. 厅、轿门旁路装置操作程序

（1）原则上不得使用短接线进行维修工作。用其他方法可以进行电梯检修的情况下，不得使用短接线。

（2）维修前熟悉电控柜中旁路装置状态说明及标识。检修安全回路故障时，必须按照其工作程序进行操作以确保人身安全。

电梯保养模块

项目一　任务一　了解机房断电锁闭操作规范

班级：_____　组号：_____　姓名：_____

（一）工具、材料申领单

序号	工具或材料	规格	数量	备注

（二）作业过程记录表

作业步骤	作业内容与要求	注意事项
第 1 步		
第 2 步		
第 3 步		
第 4 步		
第 5 步		
说明：		

机房断电锁闭操作考核评价表

序号	主要内容	考核细则	配分	扣分	得分
1	安全意识	1. 不按要求穿工作服、戴安全帽、穿防滑电工鞋，扣10分。 2. 工作现场没有设立防护栏和警示牌，扣2分。 3. 不按要求进行带电或断电作业，扣2分。 4. 不按安全要求规范使用工具，扣2分。 5. 有其他违反安全操作规范的行为，扣4分。	20		
2	断电操作	1. 没有侧身断电，扣10分。 2. 没有确认维修人员或轿厢乘客，扣10分。 3. 没有控制电梯，扣10分。 4. 没有验证绝缘手套有效性，扣10分。 5. 没有验证万用表有效性，扣10分。 6. 没有验证零能量，扣10分。	60		
3	职业规范和环境保护	1. 在工作过程中工具和器材摆放凌乱，扣3分。 2. 不爱护设备、工具，不节省材料，扣3分。 3. 在工作完成后不清理现场，扣4分。	10		
4	操作记录	操作过程记录对操作步骤叙述不清晰、详实，逻辑性不强，每处扣2分。	10		
		总分	100		

备注：出现明显的错误造成设备、人身等安全事故；严重违反考场纪律造成恶劣影响的，本次测试记0分。

总体评价：

指导老师：

项目一　任务二　了解进出轿顶操作规范

班级：_____　组号：_____　姓名：_____

（一）工具、材料申领单

序号	工具或材料	规格	数量	备注

（二）作业过程记录表

作业步骤	作业内容与要求	注意事项
第1步		
第2步		
第3步		
第4步		
第5步		
第6步		
说明：		

电梯进出轿顶操作考核评价表

序号	主要内容	考核细则	配分	扣分	得分
1	安全意识	1. 不按要求穿工作服、戴安全帽、穿防滑电工鞋，扣 10 分。 2. 工作现场没有设立防护栏和警示牌，扣 2 分。 3. 不按要求进行带电或断电作业，扣 2 分。 4. 不按安全要求规范使用工具，扣 2 分。 5. 有其他违反安全操作规范的行为，扣 4 分。	20		
2	进入轿顶	1. 轿厢没有停在合适的位置，扣 6 分。 2. 三角钥匙使用不正确，扣 6 分。 3. 没有验证层门回路，扣 6 分。 4. 没有验证急停回路，扣 6 分。 5. 没有验证检修回路，扣 6 分。	30		
3	走出轿顶	1. 没有将电梯运行至易于出轿顶的位置，扣 6 分。 2. 不在同一层，没有验证层门回路，扣 6 分。 3. 没有将急停开关复位，扣 6 分。 4. 没有将检修开关打到正常位置，扣 6 分。 5. 轿顶照明没有关闭，扣 6 分。	30		
4	职业规范和环境保护	1. 在工作过程中工具和器材摆放凌乱，扣 3 分。 2. 不爱护设备、工具，不节省材料，扣 3 分。 3. 在工作完成后不清理现场，扣 4 分。	10		
5	操作记录	操作过程记录对操作步骤叙述不清晰、详实，逻辑性不强，每处扣 2 分。	10		
		总分	100		

备注：出现明显的错误造成设备、人身等安全事故；严重违反考场纪律造成恶劣影响的，本次测试记 0 分。

总体评价：

指导老师：

项目一　任务三　了解进出底坑操作规范

班级：_____　组号：_____　姓名：_____

（一）工具、材料申领单

序号	工具或材料	规格	数量	备注

（二）作业过程记录表

作业步骤	作业内容与要求	注意事项
第1步		
第2步		
第3步		
第4步		
第5步		
第6步		
说明：		

电梯进出底坑操作考核评价表

序号	主要内容	考核细则	配分	扣分	得分
1	安全意识	1. 不按要求穿工作服、戴安全帽、穿防滑电工鞋，扣10分。 2. 工作现场没有设立防护栏和警示牌，扣2分。 3. 不按要求进行带电或断电作业，扣2分。 4. 不按安全要求规范使用工具，扣2分。 5. 有其他违反安全操作规范的行为，扣4分。	20		
2	进入底坑	1. 操作时头和身体越过厅门，扣5分。 2. 不正确使用门阻止器，扣5分。 3. 没有验证厅门回路，扣5分。 4. 没有验证上急停回路，扣5分。 5. 没有验证下急停回路，扣5分。	30		
3	走出底坑	1. 没有将急停开关复位，扣10分。 2. 底坑照明没有关闭，扣8分。 3. 工作结束后没有将电梯复位，扣8分。	30		
4	职业规范和环境保护	1. 在工作过程中工具和器材摆放凌乱，扣3分。 2. 不爱护设备、工具，不节省材料，扣3分。 3. 在工作完成后不清理现场，扣4分。	10		
5	操作记录	操作过程记录对操作步骤叙述不清晰、详实，逻辑性不强，每处扣2分。	10		
		总分	100		

备注：出现明显的错误造成设备、人身等安全事故；严重违反考场纪律造成恶劣影响的，本次测试记0分。

总体评价：

指导老师：

项目一　任务四　电梯困人紧急救援操作

班级：_____　组号：_____　姓名：_____

（一）作业计划及任务分工表

序号	作业任务（内容）	完成时间	责任人	备注

（二）工具、材料申领单

序号	工具或材料	规格	数量	备注

（三）作业过程记录表

作业步骤	内容与要求	注意事项
第 1 步		
第 2 步		
第 3 步		
第 4 步		
第 5 步		
第 6 步		
第 7 步		
第 8 步		
第 9 步		
第 10 步		

说明：

（四）作业记录单

序号	作业内容	作业记录
1		作业过程： 安全措施： 作业结论：
2		作业过程： 安全措施： 作业结论：
备注：		

日期：　　年　月　日

电梯困人救援操作考核评价表

序号	主要内容	考核细则	配分	扣分	得分
1	安全意识	1. 不按要求穿着工作服、戴安全帽、穿防滑电工鞋，扣2分。 2. 工作现场没有设立防护栏和警示牌，扣2分。 3. 不按要求进行带电或断电作业，扣2分。 4. 不按安全要求规范使用工具，扣2分。 5. 有其他违反安全操作规范的行为，扣2分。	10		
2	盘车救人的基本操作（有机房）	1. 没有及时安抚被困乘客，扣5分。 2. 没有断电后挂牌上锁，扣5分。 3. 轿厢位置和盘车方向判断有误，扣5分。 4. 判断电梯在平层区后停止盘车，没有把救援装置放回原处，扣5分。 5. 没有用专用工具合理开门，扣10分。 6. 人员救出来后没有及时关好厅门、轿门，扣10分。 7. 恢复电梯没有确认是否正常，扣10分。	50		
3	盘车的姿势	1. 盘车松闸时两脚没有站稳，扣6分。 2. 盘车时两手离开盘车轮，扣8分。 3. 盘车口号配合不默契，扣6分。	20		
4	职业规范和环境保护	1. 在工作过程中工具和器材摆放凌乱，扣3分。 2. 不爱护设备、工具，不节省材料，扣3分。 3. 在工作完成后不清理现场，扣4分。	10		
5	操作记录	操作过程记录对操作步骤叙述不清晰、详实，逻辑性不强，每处扣2分。	10		
		总分	100		

备注：出现明显的错误造成设备、人身等安全事故；严重违反考场纪律造成恶劣影响的，本次测试记0分。

总体评价：

指导老师：

项目二　任务一　曳引机制动器维护保养

班级：_____　组号：_____　姓名：_____

制动器日常维保项目单

序号	维保项目或内容	维保作业基本要求	项目保养频次
1	制动器间隙	打开时制动衬与制动轮不应发生摩擦	半月
2	制动器各销轴部位	润滑，动作灵活	半月
3	制动衬	清洁，磨损量不超过制造单位要求	季度
4	制动器动作状态监测装置	工作正常，制动器动作可靠	半年
5	制动器制动弹簧压缩量	符合制造单位要求，保持有足够制动力	年度
6	制动器铁芯（柱塞）	进行清洁、润滑、检查，磨损量不超过制造单位要求	年度

（一）作业计划及任务分工表

序号	作业任务（内容）	完成时间	责任人	备注

（二）工具、材料申领单

序号	工具或材料	规格	数量	备注

（三）维保作业过程记录表

作业步骤	维保内容与要求	注意事项
第1步		
第2步		
第3步		
第4步		
第5步		
第6步		
说明：		

（四）维保记录单

序号	维保内容	维保记录
1		维保过程： 安全措施： 维保结论：
2		维保过程： 安全措施： 维保结论：
备注：		

日期：　　年　月　日

制动器保养考核评价表

序号	主要内容	考核细则	配分	扣分	得分
1	安全意识	1. 不按要求穿着工作服、戴安全帽、穿防滑电工鞋，扣2分。 2. 工作现场没有设立防护栏和警示牌，扣2分。 3. 不按要求进行带电或断电作业，扣2分。 4. 不按安全要求规范使用工具，扣2分。 5. 有其他违反安全操作规范的行为，扣2分。	10		
2	制动器维保	1. 维保前工具选择不正确，扣10分。 2. 维保操作不规范，最多扣30分。 3. 维保工作未完成，每项扣10分。 4. 维保记录单填写不正确、不完整，每项扣5分。	70		
3	职业规范和环境保护	1. 在工作过程中工具和器材摆放凌乱，扣3分。 2. 不爱护设备、工具，不节省材料，扣3分。 3. 在工作完成后不清理现场，在工作中产生的废弃物不按规定处置，扣4分。	10		
4	制动器维保记录单	对维保内容、维保要求及完成情况叙述不清晰、详实，逻辑性不强，每处扣2分。	10		
总分			100		

备注：出现明显的错误造成设备、人身等安全事故；严重违反考场纪律造成恶劣影响的，本次测试记0分。

总体评价：

指导老师：

项目二　任务二　曳引机及导向轮维护保养

班级：_____　组号：_____　姓名：_____

曳引机日常维保项目单

序号	维保项目或内容	维保作业基本要求	项目保养频次
1	手动紧急操作装置	齐全，在指定位置	半月
2	驱动主机	运行时无异常振动和异常声响	半月
3	编码器	清洁，安装牢固	半月
4	紧急电动运行开关	工作正常	半月
5	减速机润滑油	油量适宜，除蜗杆伸出端外均无渗漏	季度
6	曳引轮槽	清洁，钢丝绳无严重油腻	季度
7	电动机与减速机联轴器螺栓	无松动	半年
8	驱动轮、导向轮轴承部	无异常声响，无振动，润滑良好	半年
9	曳引轮槽	磨损量不超过制造单位要求	半年
10	减速机润滑油	按照制造单位要求适时更换，保证油质符合要求	年度

（一）作业计划及任务分工表

序号	作业任务（内容）	完成时间	责任人	备注

（二）工具、材料申领单

序号	工具或材料	规格	数量	备注

（三）维保作业过程记录表

作业步骤	维保内容与要求	注意事项
第1步		
第2步		
第3步		
第4步		
第5步		
第6步		

说明：

（四）维保记录单

序号	维保内容	维保记录
1		维保过程： 安全措施： 维保结论：
2		维保过程： 安全措施： 维保结论：
备注：		

日期：　　　年　月　日

曳引轮槽与钢丝绳保养考核评价表

序号	主要内容	考核细则	配分	扣分	得分
1	安全意识	1. 不按要求穿着工作服、戴安全帽、穿防滑电工鞋，扣2分。 2. 工作现场没有设立防护栏和警示牌，扣2分。 3. 不按要求进行带电或断电作业，扣2分。 4. 不按安全要求规范使用工具，扣2分。 5. 有其他违反安全操作规范的行为，扣2分。	10		
2	曳引轮槽与钢丝绳维保	1. 维保前工具选择不正确，扣10分。 2. 维保操作不规范，最多扣30分。 3. 维保工作未完成，每项10分。 4. 维保记录单填写不正确、不完整，每项扣5分。	65		
3	职业规范和环境保护	1. 在工作过程中工具和器材摆放凌乱，扣3分。 2. 不爱护设备、工具，不节省材料，扣3分。 3. 在工作完成后不清理现场，在工作中产生的废弃物不按规定处置，扣4分。	10		
4	曳引轮槽与钢丝绳维保记录单	对维保内容、维保要求及完成情况叙述不清晰、详实，逻辑性不强，每处扣2分。	15		
		总分	100		

备注：出现明显的错误造成设备、人身等安全事故；严重违反考场纪律造成恶劣影响的，本次测试记0分。

总体评价：

指导老师：

项目二　任务三　限速器维护保养及与安全钳联动检测

班级：_____　　组号：_____　　姓名：_____

限速器日常维保项目单

序号	维保项目或内容	维保作业基本要求	项目保养频次
1	限速器各销轴部位	润滑，转动灵活；电气开关正常	半月
2	限速器轮槽、限速器钢丝绳	清洁，无严重油腻	季度
3	限速器张紧轮装置和电气安全装置	工作正常	季度
4	限速器钢丝绳	磨损量、断丝数不超过制造单位要求	半年
5	限速器与安全钳联动试验（对于使用年限不超过15年的限速器，每2年进行一次限速器动作速度校验；对于使用年限超过15年的限速器，每年进行一次限速器动作速度校验）	工作正常	年度

（一）作业计划及任务分工表

序号	作业任务（内容）	完成时间	责任人	备注

（二）工具、材料申领单

序号	工具或材料	规格	数量	备注

（三）维保作业过程记录表

作业步骤	维保内容与要求	注意事项
第1步		
第2步		
第3步		
第4步		
第5步		
第6步		
说明：		

（四）维保记录单

序号	维保内容	维保记录
1		维保过程： 安全措施： 维保结论：
2		维保过程： 安全措施： 维保结论：
备注：		

日期：　　年　月　日

限速器与安全钳联动试验考核评价表

序号	主要内容	考核细则	配分	扣分	得分
1	安全意识	1. 不按要求穿着工作服、戴安全帽、穿防滑电工鞋，扣2分。 2. 工作现场没有设立防护栏和警示牌，扣2分。 3. 不按要求进行带电或断电作业，扣2分。 4. 不按安全要求规范使用工具，扣2分。 5. 有其他违反安全操作规范的行为，扣2分。	10		
2	限速器与安全钳联动试验	1. 试验前工具选择不正确，扣10分。 2. 试验操作不规范，最多扣30分。 3. 试验工作未完成，每项扣10分。 4. 试验仪器操作不正确、不熟悉，每项扣5分。	60		
3	职业规范和环境保护	1. 在工作过程中工具和器材摆放凌乱，扣3分。 2. 不爱护设备、工具，不节省材料，扣3分。 3. 在工作完成后不清理现场，在工作中产生的废弃物不按规定处置，扣4分。	10		
4	限速器与安全钳联动试验记录单	对试验记录单内容、要求及完成情况叙述不清晰、详实，数据不真实等，每处扣2分。	20		
		总分	100		

备注：出现明显的错误造成设备、人身等安全事故；严重违反考场纪律造成恶劣影响的，本次测试记0分。

总体评价：

指导老师：

项目二　任务四　控制柜维护保养及电源照明检修

班级：_____　　组号：_____　　姓名：_____

控制柜及照明相关日常维保项目单

序号	维保项目或内容	维保作业基本要求	项目保养频次
1	井道照明	齐全、正常	半月
2	轿厢照明、风扇、应急照明	工作正常	半月
3	控制柜内各接线端子	各接线紧固、整齐，线号齐全清晰	半年
4	控制柜各仪表	显示正常	半年
5	控制柜接触器和继电器触点	接触良好	年度
6	导电回路绝缘性能测试	符合标准	年度

（一）作业计划及任务分工表

序号	作业任务（内容）	完成时间	责任人	备注

（二）工具、材料申领单

序号	工具或材料	规格	数量	备注

（三）维保作业过程记录表

作业步骤	维保内容与要求	注意事项
第1步		
第2步		
第3步		
第4步		
第5步		
第6步		
说明：		

（四）维保记录单

序号	维保内容	维保记录
1		维保过程： 安全措施： 维保结论：
2		维保过程： 安全措施： 维保结论：
备注：		

日期： 年 月 日

接触器和继电器触点及导电回路绝缘性能测试考核评价表

序号	主要内容	考核细则	配分	扣分	得分
1	安全意识	1. 不按要求穿着工作服、戴安全帽、穿防滑电工鞋，扣2分。 2. 工作现场没有设立防护栏和警示牌，扣2分。 3. 不按要求进行带电或断电作业，扣2分。 4. 不按安全要求规范使用工具，扣2分。 5. 有其他违反安全操作规范的行为，扣2分。	10		
2	接触器和继电器触点	1. 检查前工具选择不正确，扣10分。 2. 检查操作不规范，最多扣30分。 3. 检查工作未完成，每项扣10分。 4. 检查仪器操作不正确、不熟悉，每项扣5分。	60		
3	职业规范和环境保护	1. 在工作过程中工具和器材摆放凌乱，扣3分。 2. 不爱护设备、工具，不节省材料，扣3分。 3. 在工作完成后不清理现场，在工作中产生的废弃物不按规定处置，扣4分。	10		
4	导电回路绝缘性能测试记录单	对测试记录单内容、要求及完成情况叙述不清晰、详实，数据不真实等，每处扣2分。	20		
		总分	100		

备注：出现明显的错误造成设备、人身等安全事故；严重违反考场纪律造成恶劣影响的，本次测试记0分。

总体评价：

指导老师：

项目二　任务五　上行超速和轿厢意外移动保护装置维护保养

班级：_____　　组号：_____　　姓名：_____

上行超速和轿厢意外移动保护装置日常维保项目单

序号	维保项目或内容	维保作业基本要求	项目保养频次
1	制动器作为轿厢意外移动保护装置制停子系统时自监测	制动力人工方式检测符合使用维护说明书要求；制动力自监测系统有记录	半月
2	上行超速保护装置动作试验	工作正常	年度
3	轿厢意外移动保护装置动作试验	工作正常	年度

（一）作业计划及任务分工表

序号	作业任务（内容）	完成时间	责任人	备注

（二）工具、材料申领单

序号	工具或材料	规格	数量	备注

（三）维保作业过程记录表

作业步骤	维保内容与要求	注意事项
第1步		
第2步		
第3步		
第4步		
第5步		
第6步		
说明：		

（四）维保记录单

序号	维保内容	维保记录
1		维保过程： 安全措施： 维保结论：
2		维保过程： 安全措施： 维保结论：
备注：		

日期：　　年　月　日

制动器自监测测试考核评价表

序号	主要内容	考核细则	配分	扣分	得分
1	安全意识	1. 不按要求穿着工作服、戴安全帽、穿防滑电工鞋，扣2分。 2. 工作现场没有设立防护栏和警示牌，扣2分。 3. 不按要求进行带电或断电作业，扣2分。 4. 不按安全要求规范使用工具，扣2分。 5. 有其他违反安全操作规范的行为，扣2分。	10		
2	制动器自监测	1. 测试前工具选择不正确，扣10分。 2. 测试操作不规范，最多扣30分。 3. 测试工作未完成，每项扣10分。 4. 测试仪器操作不正确、不熟悉，每项扣5分。	60		
3	职业规范和环境保护	1. 在工作过程中工具和器材摆放凌乱，扣3分。 2. 不爱护设备、工具，不节省材料，扣3分。 3. 在工作完成后不清理现场，在工作中产生的废弃物不按规定处置，扣4分。	10		
4	制动器自监测记录单	对测试记录单内容、要求及完成情况叙述不清晰、详实，数据不真实等，每处扣2分。	20		
		总分	100		

备注：出现明显的错误造成设备、人身等安全事故；严重违反考场纪律造成恶劣影响的，本次测试记0分。

总体评价：

指导老师：

项目三　任务一　导向系统维护保养

班级：_____　组号：_____　姓名：_____

导轨和导靴日常维保项目单

序号	维保项目或内容	维保作业基本要求	项目保养频次
1	导靴上油杯	吸油毛毡齐全，油量适宜，油杯无泄漏	半月
2	靴衬、滚轮	清洁，磨损量不超过制造单位要求	季度
3	轿厢和对重/平衡重的导轨支架	固定，无松动	年度
4	轿厢和对重/平衡重的导轨	清洁，压板牢固	年度

（一）作业计划及任务分工表

序号	作业任务（内容）	完成时间	责任人	备注

（二）工具、材料申领单

序号	工具或材料	规格	数量	备注

（三）维保作业过程记录表

作业步骤	维保内容与要求	注意事项
第1步		
第2步		
第3步		
第4步		
第5步		
第6步		
说明：		

（四）维保记录单

序号	维保内容	维保记录
1		维保过程： 安全措施： 维保结论：
2		维保过程： 安全措施： 维保结论：
备注：		

日期： 年 月 日

导靴上油杯和靴衬保养考核评价表

序号	主要内容	考核细则	配分	扣分	得分
1	安全意识	1. 不按要求穿着工作服、戴安全帽、穿防滑电工鞋，扣2分。 2. 工作现场没有设立防护栏和警示牌，扣2分。 3. 不按要求进行带电或断电作业，扣2分。 4. 不按安全要求规范使用工具，扣2分。 5. 有其他违反安全操作规范的行为，扣2分。	10		
2	导靴上油杯和靴衬维保	1. 维保前工具选择不正确，扣10分。 2. 维保操作不规范，扣30分。 3. 维保工作未完成，每项扣10分。	65		
3	职业规范和环境保护	1. 在工作过程中工具和器材摆放凌乱，扣3分。 2. 不爱护设备、工具，不节省材料，扣3分。 3. 在工作完成后不清理现场，在工作中产生的废弃物不按规定处置，扣4分。	10		
4	导靴上油杯和靴衬维保记录单	对维保内容、维保要求及完成情况叙述不清晰、详实，逻辑性不强，每处扣2分。	15		
		总分	100		

备注：出现明显的错误造成设备、人身等安全事故；严重违反考场纪律造成恶劣影响的，本次测试记0分。

总体评价：

指导老师：

项目三　任务二　悬挂装置和补偿装置及随行电缆维护保养

班级：_____　　组号：_____　　姓名：_____

悬挂装置和补偿装置日常维保项目单

序号	维保项目或内容	维保作业基本要求	项目保养频次
1	悬挂装置	张力均匀，符合制造单位要求	季度
2	悬挂装置、补偿绳	磨损量、断丝数不超过要求	半年
3	绳头组合	螺母无松动	半年
4	补偿链（绳）与轿厢、对重接合处	固定，无松动	半年
5	随行电缆	无损伤	年度

（一）作业计划及任务分工表

序号	作业任务（内容）	完成时间	责任人	备注

(二) 工具、材料申领单

序号	工具或材料	规格	数量	备注

(三) 维保作业过程记录表

作业步骤	维保内容与要求	注意事项
第1步		
第2步		
第3步		
第4步		
第5步		
第6步		

说明:

（四）维保记录单

序号	维保内容	维保记录
1		维保过程： 安全措施： 维保结论：
2		维保过程： 安全措施： 维保结论：
备注：		

日期： 年 月 日

补偿装置与轿厢对重接合处保养考核评价表

序号	主要内容	考核细则	配分	扣分	得分
1	安全意识	1. 不按要求穿着工作服、戴安全帽、穿防滑电工鞋，扣2分。 2. 工作现场没有设立防护栏和警示牌，扣2分。 3. 不按要求进行带电或断电作业，扣2分。 4. 不按安全要求规范使用工具，扣2分。 5. 有其他违反安全操作规范的行为，扣2分。	10		
2	补偿装置与轿厢对重接合处维保	1. 维保前工具选择不正确，扣10分。 2. 维保操作不规范，扣30分。 3. 维保工作未完成，每项扣10分。	60		
3	职业规范和环境保护	1. 在工作过程中工具和器材摆放凌乱，扣3分。 2. 不爱护设备、工具，不节省材料，扣3分。 3. 在工作完成后不清理现场，在工作中产生的废弃物不按规定处置，扣4分。	10		
4	补偿装置与轿厢对重接合处维保记录单	对维保内容、维保要求及完成情况叙述不清晰、详实，逻辑性不强，每处扣2分。	20		
		总分	100		

备注：出现明显的错误造成设备、人身等安全事故；严重违反考场纪律造成恶劣影响的，本次测试记0分。

总体评价：

指导老师：

项目三　任务三　轿厢及其附加装置维护保养

班级：＿＿＿＿＿＿＿＿　　组号：＿＿＿＿＿＿＿＿　　姓名：＿＿＿＿＿＿＿＿

轿厢日常维保项目单

序号	维保项目或内容	维保作业基本要求	项目保养频次
1	轿顶	清洁，防护栏安全可靠	半月
2	轿顶检修开关、停止装置	工作正常	半月
3	轿厢检修开关、停止装置	工作正常	半月
4	轿内报警装置、对讲系统	工作正常	半月
5	轿内显示、指令按钮、IC卡系统	齐全、有效	半月
6	轿顶、轿厢架、轿门及其附件安装螺栓	紧固	年度

（一）作业计划及任务分工表

序号	作业任务（内容）	完成时间	责任人	备注

（二）工具、材料申领单

序号	工具或材料	规格	数量	备注

（三）维保作业过程记录表

作业步骤	维保内容与要求	注意事项
第1步		
第2步		
第3步		
第4步		
第5步		
第6步		
说明:		

（四）维保记录单

序号	维保内容	维保记录
1		维保过程： 安全措施： 维保结论：
2		维保过程： 安全措施： 维保结论：
备注：		

日期：　　年　月　日

轿内报警装置及轿内显示保养考核评价表

序号	主要内容	考核细则	配分	扣分	得分
1	安全意识	1. 不按要求穿着工作服、戴安全帽、穿防滑电工鞋，扣2分。 2. 工作现场没有设立防护栏和警示牌，扣2分。 3. 不按要求进行带电或断电作业，扣2分。 4. 不按安全要求规范使用工具，扣2分。 5. 有其他违反安全操作规范的行为，扣2分。	10		
2	轿内报警装置和对讲系统维保	1. 维保前工具选择不正确，扣10分。 2. 维保操作不规范，扣30分。 3. 维保工作未完成，每项扣10分。	30		
3	轿内显示、指令按钮、IC卡系统维保	1. 维保前工具选择不正确，扣5分。 2. 维保操作不规范，扣10分。 3. 维保工作未完成，每项扣5分。	30		
4	职业规范和环境保护	1. 在工作过程中工具和器材摆放凌乱，扣3分。 2. 不爱护设备、工具，不节省材料，扣3分。 3. 在工作完成后不清理现场，在工作中产生的废弃物不按规定处置，扣4分。	10		
5	轿内报警装置及轿内显示等维保记录单	1. 对维保内容、维保要求及完成情况叙述不清晰、详实，逻辑性不强，每处扣2分。 2. 对维保记录单填写不正确、不完整，每项扣5分。	20		
		总分	100		

备注：出现明显的错误造成设备、人身等安全事故；严重违反考场纪律造成恶劣影响的，本次测试记0分。

总体评价：

指导老师：

项目三 任务四 对重装置维护保养

班级：_____ 组号：_____ 姓名：_____

对重装置日常维保项目单

序号	维保项目或内容	维保作业基本要求	项目保养频次
1	对重/平衡重块及其压板	对重块无松动，压板紧固	半月
2	井道、对重、轿顶各反绳轮轴承部	无异常声，无振动，润滑良好	半年

（一）作业计划及任务分工表

序号	作业任务（内容）	完成时间	责任人	备注

（二）工具、材料申领单

序号	工具或材料	规格	数量	备注

（三）维保作业过程记录表

作业步骤	维保内容与要求	注意事项
第1步		
第2步		
第3步		
第4步		
第5步		
第6步		

说明：

（四）维保记录单

序号	维保内容	维保记录
1		维保过程： 安全措施： 维保结论：
2		维保过程： 安全措施： 维保结论：
备注：		

日期：　　年　月　日

对重块及其压板保养考核评价表

序号	主要内容	考核细则	配分	扣分	得分
1	安全意识	1. 不按要求穿着工作服、戴安全帽、穿防滑电工鞋，扣2分。 2. 工作现场没有设立防护栏和警示牌，扣2分。 3. 不按要求进行带电或断电作业，扣2分。 4. 不按安全要求规范使用工具，扣2分。 5. 有其他违反安全操作规范的行为，扣2分。	10		
2	对重块及其压板维保	1. 维保前工具选择不正确，扣10分。 2. 维保操作不规范，扣30分。 3. 维保工作未完成，每项扣10分。	65		
3	职业规范和环境保护	1. 在工作过程中工具和器材摆放凌乱，扣3分。 2. 不爱护设备、工具，不节省材料，扣3分。 3. 在工作完成后不清理现场，在工作中产生的废弃物不按规定处置，扣4分。	10		
4	对重块及其压板维保记录单	对维保内容、维保要求及完成情况叙述不清晰、详实，逻辑性不强，每处扣2分。	15		
		总分	100		

备注：出现明显的错误造成设备、人身等安全事故；严重违反考场纪律造成恶劣影响的，本次测试记0分。

总体评价：

指导老师：

项目三　任务五　端站保护及井道位置信号装置维护保养

班级：＿＿＿＿＿＿＿　组号：＿＿＿＿＿＿＿　姓名：＿＿＿＿＿＿＿

极限开关日常维保项目单

序号	维保项目或内容	维保作业基本要求	项目保养频次
1	轿厢平层准确度	符合标准值	半月
2	上、下极限开关	工作正常	半年

（一）作业计划及任务分工表

序号	作业任务（内容）	完成时间	责任人	备注

（二）工具、材料申领单

序号	工具或材料	规格	数量	备注

（三）维保作业过程记录表

作业步骤	维保内容与要求	注意事项
第1步		
第2步		
第3步		
第4步		
第5步		
第6步		
说明：		

(四) 维保记录单

序号	维保内容	维保记录
1		维保过程： 安全措施： 维保结论：
2		维保过程： 安全措施： 维保结论：
备注：		

日期：　　年　月　日

轿厢平层准确度保养考核评价表

序号	主要内容	考核细则	配分	扣分	得分
1	安全意识	1. 不按要求穿着工作服、戴安全帽、穿防滑电工鞋，扣2分。 2. 工作现场没有设立防护栏和警示牌，扣2分。 3. 不按要求进行带电或断电作业，扣2分。 4. 不按安全要求规范使用工具，扣2分。 5. 有其他违反安全操作规范的行为，扣2分。	10		
2	轿厢平层准确度维保	1. 维保前工具选择不正确，扣10分。 2. 维保操作不规范，扣30分。 3. 维保工作未完成，每项扣10分。	65		
3	职业规范和环境保护	1. 在工作过程中工具和器材摆放凌乱，扣3分。 2. 不爱护设备、工具，不节省材料，扣3分。 3. 在工作完成后不清理现场，在工作中产生的废弃物不按规定处置，扣4分。	10		
4	轿厢平层准确度维保记录单	对维保内容、维保要求及完成情况叙述不清晰、详实，逻辑性不强，每处扣2分。	15		
		总分	100		

备注：出现明显的错误造成设备、人身等安全事故；严重违反考场纪律造成恶劣影响的，本次测试记0分。

总体评价：

指导老师：

项目四　任务一　缓冲器维护保养

班级：_____　组号：_____　姓名：_____

缓冲器日常维保项目单

序号	维保项目或内容	维保作业基本要求	项目保养频次
1	底坑环境	清洁，无渗水、积水，照明正常	半月
2	耗能缓冲器	电气安全装置功能有效，油量适宜，柱塞无锈蚀	季度
3	对重缓冲距离	符合标准值	半年
4	缓冲器	固定，无松动	年度

（一）作业计划及任务分工表

序号	作业任务（内容）	完成时间	责任人	备注

（二）工具、材料申领单

序号	工具或材料	规格	数量	备注

（三）维保作业过程记录表

作业步骤	维保内容与要求	注意事项
第1步		
第2步		
第3步		
第4步		
第5步		
第6步		
说明：		

（四）维保记录单

序号	维保内容	维保记录
1		维保过程： 安全措施： 维保结论：
2		维保过程： 安全措施： 维保结论：
备注：		

日期：　　年　月　日

对重缓冲距离保养考核评价表

序号	主要内容	考核细则	配分	扣分	得分
1	安全意识	1. 不按要求穿着工作服、戴安全帽、穿防滑电工鞋，扣 2 分。 2. 工作现场没有设立防护栏和警示牌，扣 2 分。 3. 不按要求进行带电或断电作业，扣 2 分。 4. 不按安全要求规范使用工具，扣 2 分。 5. 有其他违反安全操作规范的行为，扣 2 分。	15		
2	对重缓冲距离维保	1. 维保前工具选择不正确，扣 10 分。 2. 维保操作不规范，扣 30 分。 3. 维保工作未完成，每项扣 10 分。	60		
3	职业规范和环境保护	1. 在工作过程中工具和器材摆放凌乱，扣 3 分。 2. 不爱护设备、工具，不节省材料，扣 3 分。 3. 在工作完成后不清理现场，在工作中产生的废弃物不按规定处置，扣 4 分。	10		
4	对重缓冲距离维保记录单	1. 对维保记录单填写不正确、不完整，每项扣 5 分。 2. 对维保内容、维保要求及完成情况叙述不清晰、详实，逻辑性不强，每处扣 2 分。	15		
		总分	100		

备注：出现明显的错误造成设备、人身等安全事故；严重违反考场纪律造成恶劣影响的，本次测试记 0 分。

总体评价：

指导老师：

项目四　任务二　限速器张紧装置与检修运行控制维护保养

班级：_____　组号：_____　姓名：_____

张紧装置日常维保项目单

序号	维保项目或内容	维保作业基本要求	项目保养频次
1	底坑停止装置	工作正常	半月
2	限速器张紧轮装置和电气安全装置	工作正常	季度

（一）作业计划及任务分工表

序号	作业任务（内容）	完成时间	责任人	备注

（二）工具、材料申领单

序号	工具或材料	规格	数量	备注

（三）维保作业过程记录表

作业步骤	维保内容与要求	注意事项
第 1 步		
第 2 步		
第 3 步		
第 4 步		
第 5 步		
第 6 步		
说明：		

（四）维保记录单

序号	维保内容	维保记录
1		维保过程： 安全措施： 维保结论：
2		维保过程： 安全措施： 维保结论：
备注：		

日期：　　年　月　日

张紧装置保养考核评价表

序号	主要内容	考核细则	配分	扣分	得分
1	安全意识	1. 不按要求穿着工作服、戴安全帽、穿防滑电工鞋，扣2分。 2. 工作现场没有设立防护栏和警示牌，扣2分。 3. 不按要求进行带电或断电作业，扣2分。 4. 不按安全要求规范使用工具，扣2分。 5. 有其他违反安全操作规范的行为，扣2分。	15		
2	张紧装置维保	1. 维保前工具选择不正确，扣10分。 2. 维保操作不规范，扣30分。 3. 维保工作未完成，每项扣10分。	60		
3	职业规范和环境保护	1. 在工作过程中工具和器材摆放凌乱，扣3分。 2. 不爱护设备、工具，不节省材料，扣3分。 3. 在工作完成后不清理现场，在工作中产生的废弃物不按规定处置，扣4分。	10		
4	张紧装置维保记录单	1. 对维保记录单填写不正确、不完整，每项扣5分。 2. 对维保内容、维保要求及完成情况叙述不清晰、详实，逻辑性不强，每处扣2分。	15		
		总分	100		

备注：出现明显的错误造成设备、人身等安全事故；严重违反考场纪律造成恶劣影响的，本次测试记0分。

总体评价：

指导老师：

项目四　任务三　轿厢底与安全钳维护保养

班级：_____　组号：_____　姓名：_____

安全钳与轿厢日常维保项目单

序号	维保项目或内容	维保作业基本要求	项目保养频次
1	轿厢称重装置	准确有效	年度
2	安全钳钳座	固定，无松动	年度
3	轿底各安装螺栓	紧固	年度

（一）作业计划及任务分工表

序号	作业任务（内容）	完成时间	责任人	备注

（二）工具、材料申领单

序号	工具或材料	规格	数量	备注

（三）维保作业过程记录表

作业步骤	维保内容与要求	注意事项
第1步		
第2步		
第3步		
第4步		
第5步		
第6步		
说明：		

（四）维保记录单

序号	维保内容	维保记录
1		维保过程： 安全措施： 维保结论：
2		维保过程： 安全措施： 维保结论：
备注：		

日期：　　年　月　日

轿厢称重装置保养考核评价表

序号	主要内容	考核细则	配分	扣分	得分
1	安全意识	1. 不按要求穿着工作服、戴安全帽、穿防滑电工鞋，扣2分。 2. 工作现场没有设立防护栏和警示牌，扣2分。 3. 不按要求进行带电或断电作业，扣2分。 4. 不按安全要求规范使用工具，扣2分。 5. 有其他违反安全操作规范的行为，扣2分。	15		
2	轿厢称重装置维保	1. 维保前工具选择不正确，扣10分。 2. 维保操作不规范，扣30分。 3. 维保工作未完成，每项扣10分。	60		
3	职业规范和环境保护	1. 在工作过程中工具和器材摆放凌乱，扣3分。 2. 不爱护设备、工具，不节省材料，扣3分。 3. 在工作完成后不清理现场，在工作中产生的废弃物不按规定处置，扣4分。	10		
4	轿厢称重装置维保记录单	1. 对维保记录单填写不正确、不完整，每项扣5分。 2. 对维保内容、维保要求及完成情况叙述不清晰、详实，逻辑性不强，每处扣2分。	15		
		总分	100		

备注：出现明显的错误造成设备、人身等安全事故；严重违反考场纪律造成恶劣影响的，本次测试记0分。

总体评价：

指导老师：

项目五 任务一 层门系统维护保养

班级：_____ 组号：_____ 姓名：_____

层门日常维保项目单

序号	维保项目或内容	维保作业基本要求	项目保养频次
1	层门和轿门旁路装置	工作正常	半月
2	层门地坎及上坎	清洁	半月
3	层门自动关门装置	正常	半月
4	层门门锁自动复位	用层门钥匙打开手动开锁装置释放后，层门门锁能自动复位	半月
5	层门门锁电气触点	清洁，触点接触良好，接线可靠	半月
6	层门锁紧元件啮合长度	不小于7mm	半月
7	层门中传动钢丝绳、链条	按照制造单位要求进行清洁、调整	季度
8	消防开关	工作正常，功能有效	季度
9	层门门导靴（门滑块）	磨损量不超过制造单位要求	季度
10	层门、轿门门扇	门扇各相关间隙符合标准值	半年
11	层门装置和地坎	无影响正常使用的变形，各安装螺栓紧固	年度

（一）作业计划及任务分工表

序号	作业任务（内容）	完成时间	责任人	备注

（二）工具、材料申领单

序号	工具或材料	规格	数量	备注

（三）维保作业过程记录表

作业步骤	维保内容与要求	注意事项
第1步		
第2步		
第3步		
第4步		
第5步		
第6步		

说明：

（四）维保记录单

序号	维保内容	维保记录
1		维保过程： 安全措施： 维保结论：
2		维保过程： 安全措施： 维保结论：
备注：		

日期：　　年　月　日

层门锁紧元件啮合长度保养考核评价表

序号	主要内容	考核细则	配分	扣分	得分
1	安全意识	1. 不按要求穿着工作服、戴安全帽、穿防滑电工鞋，扣2分。 2. 工作现场没有设立防护栏和警示牌，扣2分。 3. 不按要求进行带电或断电作业，扣2分。 4. 不按安全要求规范使用工具，扣2分。 5. 有其他违反安全操作规范的行为，扣2分。	15		
2	层门锁紧元件啮合长度维保	1. 维保前工具选择不正确，扣10分。 2. 维保操作不规范，扣30分。 3. 维保工作未完成，每项扣10分。	60		
3	职业规范和环境保护	1. 在工作过程中工具和器材摆放凌乱，扣3分。 2. 不爱护设备、工具，不节省材料，扣3分。 3. 在工作完成后不清理现场，在工作中产生的废弃物不按规定处置，扣4分。	10		
4	层门锁紧元件啮合长度维保记录单	1. 对维保记录单填写不正确、不完整，每项扣5分。 2. 对维保内容、维保要求及完成情况叙述不清晰、详实，逻辑性不强，每处扣2分。	15		
		总分	100		

备注：出现明显的错误造成设备、人身等安全事故；严重违反考场纪律造成恶劣影响的，本次测试记0分。

总体评价：

指导老师：

项目五 任务二 轿门及其门机驱动装置维护保养

班级：_____ 组号：_____ 姓名：_____

轿门日常维保项目单

序号	维保项目或内容	维保作业基本要求	项目保养频次
1	轿门防撞击保护装置（安全触板，光幕、光电等）	功能有效	半月
2	轿门门锁电气触点	清洁，触点接触良好，接线可靠	半月
3	轿门运行	开启和关闭工作正常	半月
4	验证轿门关闭的电气安全装置	工作正常	季度
5	轿门系统中传动钢丝绳、链条、传动带	按照制造单位要求进行清洁、调整	季度
6	轿门开门限制装置	工作正常	半年

（一）作业计划及任务分工表

序号	作业任务（内容）	完成时间	责任人	备注

（二）工具、材料申领单

序号	工具或材料	规格	数量	备注

（三）维保作业过程记录表

作业步骤	维保内容与要求	注意事项
第1步		
第2步		
第3步		
第4步		
第5步		
第6步		
说明：		

（四）维保记录单

序号	维保内容	维保记录
1		维保过程： 安全措施： 维保结论：
2		维保过程： 安全措施： 维保结论：
备注：		

日期：　　年　月　日

轿门运行保养考核评价表

序号	主要内容	考核细则	配分	扣分	得分
1	安全意识	1. 不按要求穿着工作服、戴安全帽、穿防滑电工鞋，扣 2 分。 2. 工作现场没有设立防护栏和警示牌，扣 2 分。 3. 不按要求进行带电或断电作业，扣 2 分。 4. 不按安全要求规范使用工具，扣 2 分。 5. 有其他违反安全操作规范的行为，扣 2 分。	10		
2	轿门运行维保	1. 维保前工具选择不正确，扣 10 分。 2. 维保操作不规范，扣 30 分。 3. 维保工作未完成，每项扣 10 分。	65		
3	职业规范和环境保护	1. 在工作过程中工具和器材摆放凌乱，扣 3 分。 2. 不爱护设备、工具，不节省材料，扣 3 分。 3. 在工作完成后不清理现场，在工作中产生的废弃物不按规定处置，扣 4 分。	10		
4	轿门运行维保记录单	1. 对维保记录单填写不正确、不完整，每项扣 5 分。 2. 对维保内容、维保要求及完成情况叙述不清晰、详实，逻辑性不强，每处扣 2 分。	15		
总分			100		

备注：出现明显的错误造成设备、人身等安全事故；严重违反考场纪律造成恶劣影响的，本次测试记 0 分。

总体评价：

指导老师：

电梯维修模块

项目六　任务一　安全与门锁回路故障诊断与维修

班级：＿＿＿＿＿＿＿＿　组号：＿＿＿＿＿＿＿＿　姓名：＿＿＿＿＿＿＿＿

（一）工具、材料申领单

序号	工具或材料	规格	数量	备注

（二）作业过程记录表

作业步骤	作业内容与要求	注意事项
第 1 步		
第 2 步		
第 3 步		
第 4 步		
第 5 步		
说明：		

安全与门锁回路故障诊断与维修操作考核评价表

评分项目	主要内容	考核要求	评分细则	配分	得分
职业素养与操作规范（20）	调查研究	对电梯故障现象进行调查研究	1. 排除故障前不进行调查研究，扣5分。 2. 调查研究不充分，扣2分。	5	
	"6S"规范	整理、整顿、清扫、清洁、素养、安全	1. 没有穿戴防护用品，扣5分。 2. 检修前，未清点工具、耗材扣2分。 3. 乱摆放工具，乱丢杂物，完成任务后不清理工位扣5分。 4. 发生严重违规操作，记0分。	15	
作品（80分）	故障分析	在电气控制线路图上分析故障可能的原因，思路正确	1. 标错故障范围，扣5分。 2. 不能标出最小的故障范围，扣3分。 3. 实际排除故障中的思路不清晰，扣2分。	10	
	故障查找	正确使用工具，找出故障点并排除故障	1. 造成短路或者熔断器熔断，每次扣5分。 2. 损坏万用表扣5分。 3. 排除故障的方法选择不当，每次扣5分。 4. 排除故障时，产生新的故障后不能自行修复，扣5分。	20	
	故障排除	找出故障现象对应的故障点	未查出故障点，扣20分。	20	
	试车	排除故障后，试车成功，电梯各项功能恢复	1. 一次试车不成功扣5分。 2. 两次试车不合格扣10分。 3. 三次试车不合格记0分。	20	
	技术文件	维修报告表述清晰，语言简明扼要	维修报告需记录电梯型号、故障现象、故障分析、故障检修计划、故障排除五部分，每部分2分，记录错误或记录不完整的按比例扣分。	10	
总分				100	

总体评价：

指导老师：

项目六 任务二 电梯控制电路故障诊断与维修

班级：_____ 组号：_____ 姓名：_____

（一）工具、材料申领单

序号	工具或材料	规格	数量	备注

（二）作业过程记录表

作业步骤	作业内容与要求	注意事项
第1步		
第2步		
第3步		
第4步		
第5步		
说明：		

电梯控制电路故障诊断与维修操作考核评价表

评分项目	主要内容	考核要求	评分细则	配分	得分
职业素养与操作规范（20）	调查研究	对电梯故障现象进行调查研究	1. 排除故障前不进行调查研究，扣5分。 2. 调查研究不充分，扣2分。	5	
	"6S"规范	整理、整顿、清扫、清洁、素养、安全	1. 没有穿戴防护用品，扣5分。 2. 检修前，未清点工具、耗材扣2分。 3. 乱摆放工具，乱丢杂物，完成任务后不清理工位扣5分。 4. 发生严重违规操作，记0分。	15	
作品（80分）	故障分析	在电气控制线路图上分析故障可能的原因，思路正确	1. 标错故障范围，扣5分。 2. 不能标出最小的故障范围，扣3分。 3. 实际排除故障中的思路不清晰，扣2分。	10	
	故障查找	正确使用工具，找出故障点并排除故障	1. 造成短路或者熔断器熔断，每次扣5分。 2. 损坏万用表扣5分。 3. 排除故障的方法选择不当，每次扣5分。 4. 排除故障时，产生新的故障后不能自行修复，扣5分。	20	
	故障排除	找出故障现象对应的故障点	未查出故障点，扣20分。	20	
	试车	排除故障后，试车成功，电梯各项功能恢复	1. 一次试车不成功扣5分。 2. 两次试车不合格扣10分。 3. 三次试车不合格记0分。	20	
	技术文件	维修报告表述清晰，语言简明扼要	维修报告需记录电梯型号、故障现象、故障分析、故障检修计划、故障排除五部分，每部分2分，记录错误或记录不完整的按比例扣分。	10	
总分				100	
总体评价：					

指导老师：

项目六 任务三 曳引电动机驱动控制电路故障诊断与维修

班级：_____ 组号：_____ 姓名：_____

（一）工具、材料申领单

序号	工具或材料	规格	数量	备注

（二）作业过程记录表

作业步骤	作业内容与要求	注意事项
第1步		
第2步		
第3步		
第4步		
第5步		
说明：		

曳引电动机驱动控制电路故障诊断与维修操作考核评价表

评分项目	主要内容	考核要求	评分细则	配分	得分
职业素养与操作规范（20）	调查研究	对电梯故障现象进行调查研究	1. 排除故障前不进行调查研究，扣5分。 2. 调查研究不充分，扣2分。	5	
	"6S"规范	整理、整顿、清扫、清洁、素养、安全	1. 没有穿戴防护用品，扣5分。 2. 检修前，未清点工具、耗材扣2分。 3. 乱摆放工具，乱丢杂物，完成任务后不清理工位扣5分。 4. 发生严重违规操作，记0分。	15	
作品（80分）	故障分析	在电气控制线路图上分析故障可能的原因，思路正确	1. 标错故障范围，扣5分。 2. 不能标出最小的故障范围，扣3分。 3. 实际排除故障中的思路不清晰，扣2分。	10	
	故障查找	正确使用工具，找出故障点并排除故障	1. 造成短路或者熔断器熔断，每次扣5分。 2. 损坏万用表扣5分。 3. 排除故障的方法选择不当，每次扣5分。 4. 排除故障时，产生新的故障后不能自行修复，扣5分。	20	
	故障排除	找出故障现象对应的故障点	未查出故障点，扣20分。	20	
	试车	排除故障后，试车成功，电梯各项功能恢复	1. 一次试车不成功扣5分。 2. 两次试车不合格扣10分。 3. 三次试车不合格记0分。	20	
	技术文件	维修报告表述清晰，语言简明扼要	维修报告需记录电梯型号、故障现象、故障分析、故障检修计划、故障排除五部分，每部分2分，记录错误或记录不完整的按比例扣分。	10	
总分				100	

总体评价：

指导老师：

项目六　任务四　开关门电路故障诊断与维修

班级：_____　组号：_____　姓名：_____

（一）工具、材料申领单

序号	工具或材料	规格	数量	备注

（二）作业过程记录表

作业步骤	作业内容与要求	注意事项
第1步		
第2步		
第3步		
第4步		
第5步		
说明：		

开关门电路故障诊断与维修操作考核评价表

评分项目	主要内容	考核要求	评分细则	配分	得分
职业素养与操作规范（20）	调查研究	对电梯故障现象进行调查研究	1. 排除故障前不进行调查研究，扣5分。 2. 调查研究不充分，扣2分。	5	
	"6S"规范	整理、整顿、清扫、清洁、素养、安全	1. 没有穿戴防护用品，扣5分。 2. 检修前，未清点工具、耗材扣2分。 3. 乱摆放工具，乱丢杂物，完成任务后不清理工位扣5分。 4. 发生严重违规操作，记0分。	15	
作品（80分）	故障分析	在电气控制线路图上分析故障可能的原因，思路正确	1. 标错故障范围，扣5分。 2. 不能标出最小的故障范围，扣3分。 3. 实际排除故障中的思路不清晰，扣2分。	10	
	故障查找	正确使用工具，找出故障点并排除故障	1. 造成短路或者熔断器熔断，每次扣5分。 2. 损坏万用表扣5分。 3. 排除故障的方法选择不当，每次扣5分。 4. 排除故障时，产生新的故障后不能自行修复，扣5分。	20	
	故障排除	找出故障现象对应的故障点	未查出故障点，扣20分。	20	
	试车	排除故障后，试车成功，电梯各项功能恢复	1. 一次试车不成功扣5分。 2. 两次试车不合格扣10分。 3. 三次试车不合格记0分。	20	
	技术文件	维修报告表述清晰，语言简明扼要	维修报告需记录电梯型号、故障现象、故障分析、故障检修计划、故障排除五部分，每部分2分，记录错误或记录不完整的按比例扣分。	10	
总分				100	

总体评价：

指导老师：

项目七 任务一 曳引机故障诊断与维修

班级：_____ 组号：_____ 姓名：_____

（一）工具、材料申领单

序号	工具或材料	规格	数量	备注

（二）作业过程记录表

作业步骤	作业内容与要求	注意事项
第1步		
第2步		
第3步		
第4步		
第5步		
说明：		

轿厢正常运行进入平层区域后，不能正确平层的维修考核评价表

序号	主要内容	考核细则	配分	扣分	得分
1	安全意识	1. 不按要求穿着工作服、戴安全帽、穿防滑电工鞋，扣10分。 2. 工作现场没有设立防护栏和警示牌，扣2分。 3. 不按要求进行带电或断电作业，扣2分。 4. 不按安全要求规范使用工具，扣2分。 5. 有其他违反安全操作规范的行为，扣4分。	15		
2	轿厢正常运行进入平层区域后，不能正确平层维修	1. 维修前工具选择不正确，扣10分。 2. 维修操作不规范，扣30分。 3. 维修工作未完成，每项扣10分。	60		
3	职业规范和环境保护	1. 在工作过程中工具和器材摆放凌乱，扣2分。 2. 不爱护设备、工具，不节省材料，扣2分。 3. 在工作完成后不清理现场，在工作中产生的废弃物不按规定处置，扣4分。	10		
4	轿厢正常运行进入平层区域后，不能正确平层维修记录单	1. 维修记录单填写不正确、不完整，每项扣5分。 2. 对维修内容、要求及完成情况叙述不清晰、详实，逻辑性不强，每处扣2分。	15		
		总分	100		

备注：出现明显的错误造成设备、人身等安全事故；严重违反考场纪律造成恶劣影响的，本次测试记0分。

总体评价：

指导老师：

项目七　任务二　轿厢运行故障诊断与维修

班级：_____　　组号：_____　　姓名：_____

（一）工具、材料申领单

序号	工具或材料	规格	数量	备注

（二）作业过程记录表

作业步骤	作业内容与要求	注意事项
第1步		
第2步		
第3步		
第4步		
第5步		
说明：		

电梯轿厢蹲底和冲顶的维修考核评价表

序号	主要内容	考核细则	配分	扣分	得分
1	安全意识	1. 不按要求穿着工作服、戴安全帽、穿防滑电工鞋，扣10分。 2. 工作现场没有设立防护栏和警示牌，扣2分。 3. 不按要求进行带电或断电作业，扣2分。 4. 不按安全要求规范使用工具，扣2分。 5. 有其他违反安全操作规范的行为，扣4分。	15		
2	电梯轿厢蹲底和冲顶的维修	1. 维修前工具选择不正确，扣10分。 2. 维修操作不规范，扣30分。 3. 维修工作未完成，每项扣10分。	60		
3	职业规范和环境保护	1. 在工作过程中工具和器材摆放凌乱，扣2分。 2. 不爱护设备、工具，不节省材料，扣2分。 3. 在工作完成后不清理现场，在工作中产生的废弃物不按规定处置，扣4分。	10		
4	电梯轿厢蹲底和冲顶维修记录单	1. 维修记录单填写不正确、不完整，每项扣5分。 2. 对维修内容、要求及完成情况叙述不清晰、详实，逻辑性不强，每处扣2分。	15		
		总分	100		

备注：出现明显的错误造成设备、人身等安全事故；严重违反考场纪律造成恶劣影响的，本次测试记0分。

总体评价：

指导老师：

项目七　任务三　门系统故障诊断与维修

班级：_____　组号：_____　姓名：_____

（一）工具、材料申领单

序号	工具或材料	规格	数量	备注

（二）作业过程记录表

作业步骤	作业内容与要求	注意事项
第 1 步		
第 2 步		
第 3 步		
第 4 步		
第 5 步		
说明：		

电梯运行时，突然停止困人的维修考核评价表

序号	主要内容	考核细则	配分	扣分	得分
1	安全意识	1. 不按要求穿着工作服、戴安全帽、穿防滑电工鞋，扣10分。 2. 工作现场没有设立防护栏和警示牌，扣2分。 3. 不按要求进行带电或断电作业，扣2分。 4. 不按安全要求规范使用工具，扣2分。 5. 有其他违反安全操作规范的行为，扣4分。	15		
2	电梯运行时，突然停止困人维修	1. 维修前工具选择不正确，扣10分。 2. 维修操作不规范，扣30分。 3. 维修工作未完成，每项扣10分。	60		
3	职业规范和环境保护	1. 在工作过程中工具和器材摆放凌乱，扣2分。 2. 不爱护设备、工具，不节省材料，扣2分。 3. 在工作完成后不清理现场，在工作中产生的废弃物不按规定处置，扣4分。	10		
4	电梯运行时，突然停止困人维修记录单	1. 维修记录单填写不正确、不完整，每项扣5分。 2. 对维修内容、要求及完成情况叙述不清晰、详实，逻辑性不强，每处扣2分。	15		
		总分	100		

备注：出现明显的错误造成设备、人身等安全事故；严重违反考场纪律造成恶劣影响的，本次测试记0分。

总体评价：

指导老师：